“十二五”职业教育国家规划教材
经全国职业教育教材审定委员会审定

获中国石油和化学工业优秀教材奖

有机化学实验

YOUJI HUAXUE SHIYAN

第四版

周志高　初玉霞　编

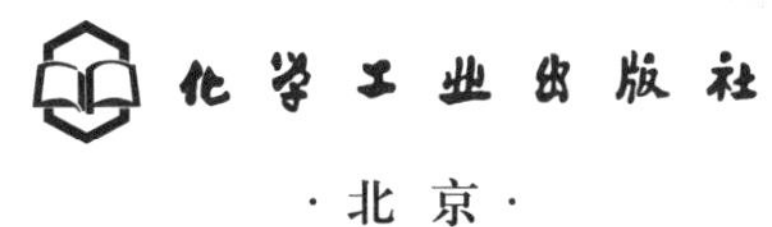

·北京·

本书由有机化学实验基础知识、有机化学实验的基本操作、有机化合物的鉴定及其应用、有机化合物的制备和综合实验五部分组成。书中对各部分教学内容都提出了“知识目标”和“技能目标”，有利于教师和学生正确把握知识点和技能训练要求。全书采用最新国家标准规定的术语、符号和法定计量单位，共选编了28个典型实验，实验规程可靠，实用性强，体现环保理念，涉及的操作技术全面，便于训练学生基本操作技能，有利于提高动手能力。在每个实验项目后都编有“安全提示”与“实验前预习的问题”等内容，便于指导教与学。

本书适用于高职高专院校、成人高校、民办高校及本科院校举办的二级职业技术学院化学、化工、纺织、制药、材料、环境科学以及分析检验等专业，还可供相关专业技术人员参考。

图书在版编目（CIP）数据

有机化学实验/周志高，初玉霞编．—4版．—北京：化学工业出版社，2014.4（2025.2重印）
“十二五”职业教育国家规划教材
ISBN 978-7-122-19732-0

Ⅰ．①有…　Ⅱ．①周…②初…　Ⅲ．①有机化学-化学实验-教材　Ⅳ．①O62-33

中国版本图书馆CIP数据核字（2014）第023396号

责任编辑：陈有华　　装帧设计：史利平
责任校对：陶燕华

出版发行：化学工业出版社（北京市东城区青年湖南街13号　邮政编码100011）
印　　装：河北延风印务有限公司
710mm×1000mm　1/16　印张11¼　字数224千字　2025年2月北京第4版第9次印刷

购书咨询：010-64518888　　售后服务：010-64518899
网　　址：http://www.cip.com.cn
凡购买本书，如有缺损质量问题，本社销售中心负责调换。

定　　价：34.00元　

前　言

《有机化学实验》第四版是按照高职高专教育化学、化工及相关专业有机化学实验教学的基本要求，在原第三版教材教学实践和广泛征集使用学校意见的基础上修订而成的。历经十几年教学实践的检验，及时吸纳来自教学一线的意见和建议，不断改进、更新与提高，使教材受到广大使用者的欢迎和好评，并荣获中国石油和化学工业优秀教材奖。

本次修订在保持原书精华与特色的基础上，适当调整了教材内容。主要体现在以下几个方面。

1. 第四版教材是与企业兼职教师及高、中职教师共同研究编写的，充分体现了高职教育工学结合的人才培养模式并实现中、高职教学内容的有机衔接。

教材联系化工生产岗位实际，根据生产环节所需要的基本知识和操作技能选取教学内容，按照企业生产的真实情境与过程序化教学环节，本着强化技能，淡化原理，应用为主，够用为度的原则，以通俗易懂的语言和图文并茂的形式进一步突出了职业教育特色。

2. 教材中融入了编者在多年教学改革的探索与实践中积累的经验和教训，其中有些插图是自绘后制版的，许多实验的操作条件是编者进行多次校核试验、反复研究探索后确定或改进的。特别是教材中的各级小标题是编者精心提炼列出的，它使教材内容条理更清晰、层次更分明、更加便于教与学，也是本教材的特色之一。

3. 考虑到目前化工生产特别是食品工业的生产过程中，物理参数的测定技术使用越来越多，将第二章中属于物理参数测量的操作“熔点的测定”、“沸点的测定”和“折射率的测定”与新增加的选学内容“凝固点的测定”、“闪点的测定”和“旋光度的测定”调整到一起，以突出这方面知识在教材中的作用，强化对学生该方面操作技能的训练。同时适当删减了部分资料性内容以及个别涉及毒性较大或操作较复杂的实验项目。

4. 按照化工企业生产中岗位操作流程的方式，重新编写了制备实验的操作流程示意图，可使学生对实验操作程序一目了然，进一步加强了实验的指导性，并紧密联系生产实际。同时，对原“综合实验”操作流程框图做了简化改进，更加便于填写和启发学生思维，也降低了教学难度。

5. 在每章前提出了“知识目标”和“技能目标”，有助于师生明确学习与操作的目的要求；新增设的“想一想”和“做一做”板块，适于启发学生思考、手脑并用；与教学内容密切相关的“阅读资料”，则有利于激发学生的学习兴趣并拓展其知识视野。

6. 为进一步强化对学生环保意识的培养，特将“有机化学实验中的节能与减排”与“化工企业‘三废’治理方法简介”统编为一节，并将低碳经济、“三废”监测与化学实验绿色化理念贯穿教学始终，充分体现了教育教学与教材的科学性与前瞻性。

7. 更新了相关信息和数据，同时将书中所制备化合物的红外光谱图全部更换为目前广为应用傅里叶光谱图。

本书可作为高职高专、成人高等教育和职高的化学、化工、纺织、制药、材料、环保以及分析检验等专业教学用书，还可供相关专业技术人员参考。

参加本次修订工作的有吉林工业职业技术学院教授初玉霞、南京理工大学教授周志高、吉化公司有机合成厂高级工程师杜树良、广东石油化工职业技术学校高级实验师陈进荣、中石油大连润滑油技术研发中心刘洋。

限于编者水平，书中疏漏之处，敬请读者批评指正。

编　者

2014 年 4 月

第一版前言

《有机化学实验》是有机化学课程的一个重要组成部分，实验教学对于人才的综合素质培养有着重要的意义。通过有机化学实验的学习，可以加深对有机化学基本理论与概念的理解，进一步熟悉各类有机化合物的性质，掌握有机化学实验的基本操作与单元操作的技能，学习预防与处置化学实验事故的方法，包括正确使用与处置化学危险品的方法。

本书的主要内容为有机化学实验基础知识，基本操作与有机合成实验等三部分。有机化学基本操作实验结合在有机合成实验中进行。为了使初学者牢固地掌握有机化学实验基本操作技能，特将其中七个基本操作单独安排实验。对于熔点、沸点与折射率实验，列有相应的国家标准（GB）可供参考。14 个有机合成实验中，均附有产品的理化性质，标准红外光谱图，安全提示，实验操作步骤的详细注解说明以及拓宽初学者合成思路的其他制备方法。在各个合成实验的课前预习作业中，有填写化合物的理化性质、投料量与投料摩尔比以及填空完成流程图等作业，以利于加深对实验原理的理解，保障实验的顺利进行。书后还有常用数据等附录，表格索引和化合物索引，便于读者查阅。

本书为化学、生物化工、石油化工、医药、化纤、纺织、轻工、材料、环保等高职高专学校教材，也可供师范、农、林等其他专业的教学人员以及化工、轻工等工厂的生产技术人员或技术工人参考。本书与高鸿宾、王庆文主编的《有机化学》理论教材配套使用。

承蒙天津大学高鸿宾教授审阅本书的初稿，提出许多有益的建议，在本书的编写过程中，也得到他的帮助，在此表示衷心的感谢。

编　者

1998 年 5 月

第二版前言

本书是根据高等职业教育、高等专科教育培养21世纪高素质的化学、化工及相关专业的应用型人才的需求而编写的。本书的第一版是在1998年10月出版的高等专科教材，2001年成为高职高专教材。现在出版的《有机化学实验》（第二版）是在保留原著的特色与风格的基础上，增加了第4章有机化合物的性质与鉴定和第5章综合实验，并对原教材进行了全面的修订，调整了教学内容的起点，改进了教学方法，使之紧密结合我国高职高专院校的教学实际，更有利于提高学生的职业岗位技能。

本书由有机化学实验基础知识、有机化学实验的基本操作、有机化合物的制备、有机化合物的性质与鉴定、综合实验等五部分内容组成。本书具有下述特点。

1. 重视基础。对于有机化学基础知识、基本操作与技能训练放在重要的位置，并将“回流”（2.12节）首次列入基本操作，并从装置特点，操作要点与用于反应的分馏装置3个方面进行阐述。还专门设置基本操作实验(6个)。

有机制备实验（18个）的排序是按各实验的难易程度（操作技术、实验装置等）不同，先易后难的顺序排列的。这样会有利于学习者循序渐进，逐步掌握有机制备技术。

2. 注释详尽。对于产物、原材料、实验中涉及的物质（100个）的理化性质均作了周详的注释，书后附有索引，便于读者使用。实验中的现象或问题均有说明，这有利于提高实验者操作的自觉性，避免盲目性。

3. 附有实验流程图21幅。阅读并填写流程图，使读者具有把握实验全局的意识，利于发挥创新思维，减少失误，提高实验成功率。同时，也帮助读者树立工程概念，将来接触工矿企业的流程图时，不至于陌生。

4. 把握合成反应的设计思路，掌握主要反应物投料摩尔比、反应介质、反应温度及反应时间。掌握反应混合物分离的原理与方法。

5. 制备实验列有多种合成方法，包括各种最新的合成技术与方法，可以大大拓宽读者的思路，启迪创新思想。

6. 树立从源头治理“三废”的理念。通过定量统计制备实验反应中向外排放“三废”的数量，提出处理方案，改进现有的合成反应，保护环境。

7. 提供了化学物质登录号。全书所有的化合物都赋予化学物质登录号。由于化学物质登录号已广泛应用于化学化工文献、国际化工贸易、国际化学化工重要期刊及科技文献的计算机检索等，读者熟悉其用法，对未来的学习与工作会有很大的帮助。

8. 采用国家标准（GB）规定的术语、符号与法定的计量单位。一些物理常数的测定，均采用国家标准规定的试验方法。

9. 安全提示。本书及1998年出版的第1版均有安全提示。作者注意到美国化学教育杂志（Journal of Chemical Eduction）的“In the Laboratory”栏目，自2001年起，凡刊登的实验论文都设有“Hazards”（危险性）提示，以警示实验中存在的危险性。由此可知，规避实验风险，保护实验者的健康与安全，保障实验的安全顺利的进行是国际化学教育工作者的共识。

10. 教学起点适宜，教学方法恰当。全书信息量大，数据齐全可靠。教师易教、学生易学。在制备实验中，设有实验前预习问题，实验后的思考题，适宜于教学。

本书风格迥异，内容丰富，适合于高职高专化学、化工、石油化工、煤化工、生物化工、医药、纺织、轻工、材料、环境科学以及师范、农、林其他专业使用。

本书承蒙天津大学高鸿宾教授审阅，在此表示衷心的感谢。

编　者

2005年1月

第三版前言

本书是在第二版的基础上进行了修订。它保持了第二版的风格与特点，并使其内容更加贴近高职高专的教学实际，更加适应未来工作岗位对化工人才素质的要求。

2011年是我国“十二五”规划的启航之时，国家经济建设形势的发展，要求转变经济增长方式，发展循环经济、低碳经济，节能减排，建设资源节约型、环境友好型社会。因此教育工作者应该与时俱进，不断更新人才培养观念，在学校教学工作的各个环节，特别是教材的编写中，贯彻落实国家关于发展经济的重大战略思想，以体现教育教学和教材的前瞻性。

在本书中，首先探讨了在有机化学实验教学中如何实施节能减排，保护环境的目标。还针对有机化合物的制备，强调要理解实验的设计方法，使读者了解每个有机化合物的制备都是经过许多次试验探索，才能得出最佳的反应条件，以确保该有机化合物实施工业化生产时的生产效率最高化和生产资源节约化，使学生树立起发展生产要重视资源节约的概念。同时，在有机化合物制备实验中，要求对反应中排放的废水、废渣与废气进行监测，报告监测数据，并讨论治理方案。为帮助学生回答问题，本书还介绍了当前我国化工企业废水、废渣与废气的治理现状。这有利于学生树立起治理“三废”的理念，了解发展生产一定要减少污染的排放量，创造环境友好型的生产条件。此外，还要求学生在进行制备实验之前，阅读并填写实验流程图，使其树立实验的工程概念以及了解并掌控实验全局的意识，避免“照方抓药”的学习弊病，这对于培养高素质的化学、化工应用型人才有很大的帮助。

鉴于近年来实际教学中，有关化合物性质的验证性实验在逐渐淡化，本次修订对“有机化合物的性质与鉴定”一章做了较大变动。将可用于有机化合物鉴定的化学反应与实验方法归纳列表，以备查阅。为使学生掌握鉴定实验的操作方法，将烯烃、卤代烃、醇、酚、醛和酮等几种重要化合物的典型鉴定反应合并安排为一次实验，同时为培养学生创新思维并检验其学习效果，另安排了一次未知物的鉴定实验。

本次修订还对附录中的有关内容进行了更新。

在有机化学实验教学中，尚有不少课题需待日后进行更为深入的探索与研究。欢迎广大热心读者在使用本教材的过程中，对于书中不足之处提出宝贵意见，以便我们不断改进与完善，进一步提高教材的编写质量。

编　者

2010 年 11 月

目　录

第1章　有机化学实验基础知识

【知识目标】

• 了解有机化学实验的意义、目的、内容及学习方法。

• 熟悉有机化学实验的一般常识及安全防护知识。

• 了解有机化学实验中的节能减排措施及化工企业“三废”治理方法。

【技能目标】

• 会清洗与干燥有机化学实验室常用玻璃仪器。

• 会处理有机化学实验室常见安全事故。

1.1　有机化学实验的意义、目的与学习方法

1.1.1　有机化学实验的意义

有机化学是以实验为基础的科学，有机化学的理论、原理和定律都是在实践的基础上产生，又依靠理论与实践的结合而发展的。近两个世纪以来，有机化学不仅已形成了近2000万个有机化合物组成的庞大家族及相应的产业体系，也为材料科学、生命科学和环境科学等学科的发展提供了材料、技术和理论根据。而这一切无不依赖于有机化学实验知识的应用。所以，有机化学实验技术的教育教学，在高等职业技术院校、高等专科院校中理应占有重要的地位，它与有机化学理论教学是相辅相成、不可分割的。有机化学实验教学既是对有机化学理论教学的一个应用与验证过程，又是理论知识的一个形象化与深化的过程。有机化学实验知识是高职高专化工类及其相关专业学生必备的知识素质之一，是培养21世纪高素质的化学、化工类应用型人才，提高其职业岗位技能的重要组成部分。

1.1.2　有机化学实验的目的

在高等职业技术院校与高等工程专科院校开设有机化学实验课程，应当达到如下的目的。

① 掌握有机化学实验的基本操作技能、重要的单元操作以及多步合成实验的技能。

② 熟悉常见有机化合物的性质，掌握重要有机化合物的鉴别方法。

③ 掌握某些天然有机物的提取技术。

④ 培养学生解决与处理有机化学实验中的实际问题（包括实验事故）的综

合能力，启发学生的创新思维。

⑤ 训练学生养成良好的实验习惯，培养学生实事求是的科学态度和严谨认真的工作作风。

1.1.3 有机化学实验的学习方法

学习有机化学实验要采用正确的学习方法，废除“照方抓药”的旧模式。本书编入的实验内容涵盖面较广，既有传统、经典的实验项目，又有利于创新性学习的设计型实验。在学习中，学习者要了解每个有机制备实验是怎样设计、如何构成的，影响每个反应的主要因素有哪些？应当熟悉实验的整体构架。还应当把握实验的全过程，熟悉实验的全方位。本书旨在帮助学习者从“被动式”的学习状态中摆脱出来，在学习中逐渐理解实验的设计思想，逐步进入“学习佳境”，成为具有设计实验能力的创造型人才。

(1) 预习实验，完成作业　仔细阅读相应的实验内容及相关的理论知识，认真完成教材中要求预习的作业，并结合实验操作步骤，细读注解内容，因为这些注解往往是前人在该实验中的经验或教训的总结，十分珍贵，若能认真领会，则可引导实验成功。

(2) 认真操作，仔细观察，详细记录，一丝不苟　学习者要亲自动手，完成各项实验操作，逐步提高实验技能。要仔细观察与比较实验现象，并作如实的记录。实验记录是实验现场的原始性记录，记录内容要及时、准确、客观、真实。

(3) 写好实验报告　实验报告是学习者获得实验成果的一种书面反映，也是对整个实验的一个总结、回顾过程，并报道实验结果，包括产物的颜色、状态、物理常数［熔点（m. p.）或沸点（b. p.）等］、产量、产率等。还可通过回答教材中提出的问题，或讨论实验中遇到的问题，充分发表学习者的想法、建议及改进意见。所以，撰写实验报告也是一次新的学习过程，学习者应当予以足够的重视。

1.2 有机化学实验常用玻璃仪器与其他器材

有机化学实验室进行实验教学所用的仪器，主要是玻璃仪器，其中有普通的玻璃仪器和标准磨口玻璃仪器，可以在不同的场合与时间使用。对于常用玻璃仪器，实验者应熟知其名称与功能，并学会正确使用、清洗、干燥与保管方法。

1.2.1 标准磨口玻璃仪器

目前在有机化学实验中广泛使用的标准磨口玻璃仪器，因为可以使用同一编号的磨口标准，所以仪器的互换性、通用性强，安装与拆卸方便，仪器的利用率高。利用不多的器件，可组合成多种功能的实验装置，提高工作效率，节省时间。同时还可避免因使用橡皮塞（或软木塞）而引起的污染反应体系的弊病。

1.2.1.1 常用标准磨口玻璃仪器

在有机化学实验室中，常用的标准磨口玻璃仪器见图 1-1。

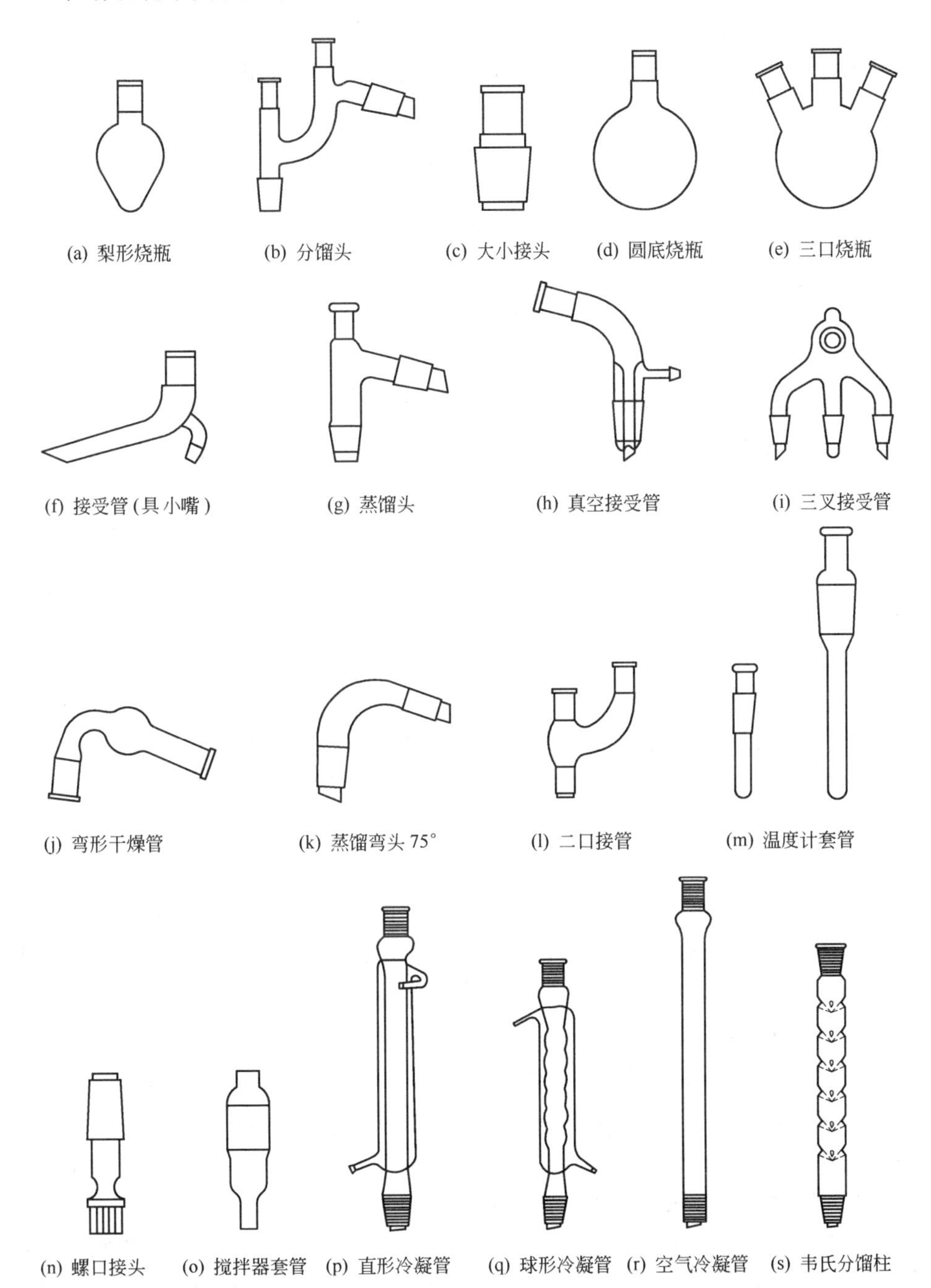

图 1-1 常用标准磨口玻璃仪器

在图 1-1 中，没有蒸馏烧瓶与克氏蒸馏烧瓶。可以用蒸馏头（g）与烧瓶（a）或（d）组成蒸馏烧瓶，用分馏头（b）与烧瓶（a）或（d）组装成克氏蒸馏烧瓶。

把温度计套管（m）与（b）、（e）组合，在套管（m）内注入传热介质——液体石蜡，将温度计放入（m）管内，可间接测量温度（温度计的读数，经过换算后才是实际温度）。用装有温度计的螺口接头（n）代替（m），可直接测量温度。

大小接头（c）的功能是可以将不同磨口编号的仪器连接在一起。其磨口部位的外磨面与磨口的内磨面，具有不同的磨口编号，适当配置不同磨口规格的接头，可以组合装配不同磨口编号的玻璃仪器，以适合反应的需要。

接受管（f）与（h）的差异在于，（f）用于普通蒸馏，（h）用于减压蒸馏操作，其尾部具有突出支管，可连接真空泵抽真空用。

1.2.1.2 标准磨口玻璃仪器的磨口规格

标准磨口玻璃仪器的各连接部分，均按统一标准制造，因此具有标准化、通用化和系列化的特点。表 1-1 是教学常用标准磨口玻璃仪器的磨口规格。

表 1-1 常用标准磨口玻璃仪器的磨口规格

编号	10	12	14	19	24
磨口锥体大端直径/mm	10.0	12.5	14.5	18.8	24.0

1.2.2 玻璃仪器的清洗

化学实验用的玻璃仪器，在实验结束后应立即清洗。久置不洗会使污物牢固地黏附在玻璃表面，造成事后清洗的困难。实验者应养成及时清洗、干燥玻璃仪器的习惯。

玻璃仪器的清洗方法应根据所进行实验的性质、污物量或污染程度而定。最常用的方法是用毛刷蘸少许洗衣粉或去污粉轻擦玻璃仪器的内外，再用水淋洗干净即可。要注意毛刷的顶部，若已经秃了，露出铁丝，需及时更换。因为用秃毛刷清洗仪器，戳穿烧瓶、烧杯、试管等仪器之事时有发生。

对于黏性或焦油状残迹等，用一般方法不容易清洗干净，可用少量有机溶剂（可以是单一或者是混合溶剂）浸泡一段时间，浸泡时间的长短，视黏着物溶解情况而定。待黏着物溶解后，先将溶剂倒回有盖的溶剂回收瓶内，然后再用清水冲洗干净。丙酮、乙醚、乙醇、氯仿、二氯乙烷等是常用的有机溶剂。其中前三种易燃，在使用时应远离明火，注意操作的安全性。

对于难洗的酸性黏着物或焦性物质，可用稀碱溶液煮洗，其用量以浸没黏着物为宜。待黏着物溶解后，倒出稀碱溶液，先将玻璃仪器用水冲洗干净。以同样方法，可用稀硫酸溶液清洗碱性残留物。

用洗涤剂清洗玻璃仪器，可以代替重铬酸钾和浓硫酸配制成的铬酸洗液，消除其在配制与使用时带来的危险性。

1.2.3 玻璃仪器的干燥

在玻璃仪器经过认真清洗后，都要进行干燥处理，使待用的玻璃仪器时时处于干燥、清洁的状态。这是因为许多有机反应都要求在无水条件下进行，若从反应容器或其他器具中混入水分，将导致实验的失败。实验室中玻璃仪器的干燥除水常用以下方法。

（1）自然干燥 将经过清洗后的玻璃仪器倒置，或者倒插在玻璃仪器架上，让其自然干燥，可供下次实验时用。但对于某些特殊的有机反应（如格利雅试剂的制备）必须是绝对无水的，所以必须进行后序烘干处理。

（2）烘箱干燥 用电烘箱（或鼓风电烘箱）进行干燥是经常采用的一种干燥方法。将经过自然干燥的玻璃仪器，或经过清洗后的玻璃仪器倒置流去表面水珠后，再送入烘箱干燥。注意，不能将有刻度的容量仪器如量筒、量杯、容量瓶、移液管、滴定管放入烘箱内烘干，也不能将吸滤瓶等厚壁器皿进行烘干。有磨口的玻璃仪器如滴液漏斗、分液漏斗等，应将磨口塞、活塞取下，将其油脂擦去并经洗净后再烘干，因漏斗的活塞不能互换，故烘干时不要配错。

在从电烘箱中取出玻璃仪器时，应待烘箱温度自然下降后取出。如因急用，在烘箱温度较高时取出玻璃仪器时，应先将玻璃仪器在石棉网上放置，使其慢慢冷却至室温后方可使用。不要将温度较高的玻璃仪器与铁质器皿等冷物体直接接触，以免损坏玻璃器皿。

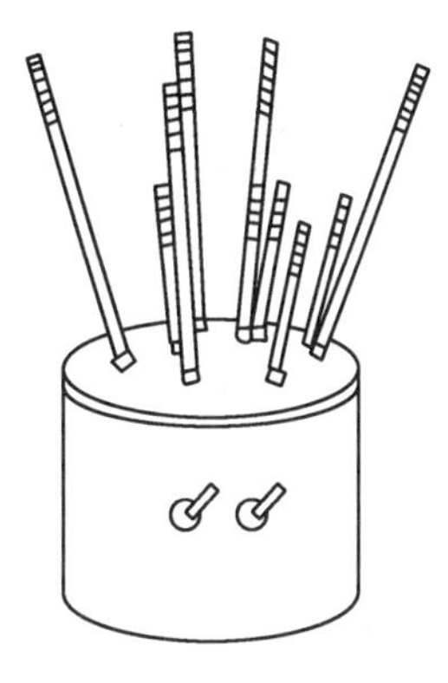

图 1-2 热气流干燥器

（3）热气流干燥 将自然干燥处理过的玻璃仪器，插入热气流干燥器的各支金属管上，经过热空气加热后，可快速干燥。热气流干燥器见图 1-2。

用电吹风机的热空气可对小件急用玻璃仪器进行快速吹干。

1.2.4 磨口玻璃仪器的保养

磨口玻璃仪器要善于保养，使之随时处于待用的状态，并能延长其使用寿命。经过清洗干燥后的各磨口连接部位，应垫衬一纸片，以防长时间放置后，磨口粘连不能启开。在清洗、干燥或保存时，不要使磨口碰撞而受损伤，影响磨口部分的密闭性。

磨口玻璃仪器使用不当，会使磨口连接部位或磨口塞粘连在一起，影响实验进程，甚至会使仪器报废。例如，用磨口锥形瓶久贮氢氧化钠溶液而不经常启用，会使磨口部位粘连，瓶塞不能启开。在使用标准磨口玻璃仪器组装的反应装置进行实验时，实验完成后，若不及时拆卸仪器进行清洗，则容易发生磨口部件之间的粘连。

对于磨口塞不能启开或磨口部件发生粘连而不能拆卸时，可尝试用下述方法处理修复。

① 用小木块轻轻敲打磨口连接部位使之松动而启开。

② 用小火焰均匀地烘烤磨口部位，使磨口连接处的外部受热膨胀而松动。

③ 将磨口玻璃仪器放入沸水中煮沸，而使磨口连接部位松动。但此法不适宜用于密闭的带有磨口连接的容器，以免发生容器内气体受热膨胀，使玻璃炸裂而伤人。

④ 用下列浸渗液体进行浸渗。

a. 有机溶剂：苯、乙酸乙酯、石油醚、煤油等。

b. 水或稀盐酸溶液。

用浸渗的方法有时在几分钟内即可将粘连的磨口启开，但有时需要几天才能见效。

c. 将磨口竖立，向磨口缝隙间滴几滴甘油，若甘油能慢慢地渗入磨口，最终能使磨口松开。

d. 有的粘连的磨口塞子，单靠用力旋转就可打开，但因手滑，使不上劲而不能成功。这时可将玻璃塞的上端用软布包裹或衬垫上橡皮，小心地用台钳夹住，再用不太大的力量扭转瓶体，就能打开。

处理粘连的磨口塞，应在有经验的老师指导下进行，在上述各项瓶塞开启的操作中，应当用布包裹着玻璃仪器，注意安全，防止事故的发生。

1.2.5 塑料器皿

塑料是一类高分子材料，由于它具有一些特殊的物理化学性质，在实验室中可以作为金属、玻璃、木材等的代用品。塑料耐酸腐蚀性好，可用于制作化学实验室的管道、容器及配件等。塑料器皿还可应用于不能使用玻璃器皿的实验中。

1.2.5.1 聚乙烯和聚丙烯制品

聚乙烯是热塑性塑料，可在100℃以下温度使用。耐一般酸碱腐蚀，但能被氧化性酸（如 HNO_3、H_2SO_4 等）缓慢腐蚀。常温下不溶于一般有机溶剂，但长时间接触脂肪烃、芳香烃会被溶胀。

聚丙烯塑料比聚乙烯塑料硬，最高允许使用温度为130℃，在120℃以下可连续使用，与大多数介质不起化学作用，仅受浓硫酸、浓硝酸、溴水等强氧化剂的缓慢侵蚀。

实验室中常用的聚乙烯和聚丙烯制品有各种规格的桶、盆、试剂瓶、烧杯、漏斗和量器等。可用这些塑料制品贮存固体化学试剂、高纯水、标准溶液和某些试剂溶液，但不宜长时间贮存有机溶剂。用细口聚乙烯瓶装上聚乙烯管（或胶塞和玻璃管）可制成洗瓶，使用非常方便。

1.2.5.2　聚四氟乙烯制品

聚四氟乙烯俗称“塑料王”，具有良好的热稳定性和化学稳定性，最高使用温度可达 250℃，除熔融态钠和液氯以外，能耐一切浓酸、浓碱、强氧化剂的腐蚀，甚至在水中煮沸也不起变化。它具有很好的电绝缘性，并能进行切削加工。

聚四氟乙烯可用于制作烧杯、坩埚、蒸发皿、表面皿、搅拌器以及分液漏斗和滴定管的旋塞等，这些产品目前市场上均有出售。但使用时要注意，不能用明火或电热板直接加热。温度超过 250℃会分解，在 415℃以上急剧分解放出有毒的全氟异丁烯气体。

1.2.5.3　其他塑料制品

实验室中常用的其他塑料制品主要有聚氯乙烯（PVC）和 ABS 树脂的制品。

聚氯乙烯属于热固性塑料。具有较好的机械强度和加工性能，其变形温度为 54～79℃。主要用于板材、管材、棒材加工的各种制品，可焊接或粘接成各种形状和尺寸的槽、桶、盘、托架、辅助部件及制造管道等。

ABS 树脂是苯乙烯-丁二烯-丙烯腈三元共聚产物，具有很好的刚性、耐冲击性、耐油性和尺寸稳定性，广泛用于制造电器设备的壳体。在化学实验室中，用 ABS 树脂加工制造的水处理设备、管材及相关配件具有防污染、强度高、使用寿命长等优点。

1.3　有机化学实验的安全知识

在进行有机化学实验操作时，要接触各种化学试剂，要使用多种电器设备、操作玻璃仪器、动用明火、处理废弃物等，所以在实验课内，设置有关安全知识的学习内容是十分必要的。这不仅是为了保障实验者顺利地完成学习任务，也是为了将来进入社会工作时，具有一定的预防与处理事故的知识与能力。

实验事故的预防与处理，首先是指对于可能发生的事故有防范措施，以避免与杜绝事故的发生，同时还应清楚当事故发生后，如何正确、迅速、果断处置，以控制、遏制、消灭事故，使损失减少至最小限度。这两方面的工作都很重要。需要强调指出的是，应当以预防为主，把事故消灭在萌芽状态。所以，在本书各实验项目中，均有安全提示的内容，实验者在进入实验室之前，应仔细阅读，作好预防准备工作。实验者进入实验室不得穿拖鞋或凉鞋，应穿实验工作服，必要时戴护目镜。实验者在完成实验后，应使桌面、仪器、地面、水槽保持整洁，然后检查水、电、煤气、气瓶等是否关好，经教师检查同意后方能离去，以免留下隐患，引发事故。

1.3.1　防止玻璃割伤

化学实验室大量使用玻璃器皿，防止玻璃破裂碎片的伤害是十分重要的。在安装玻璃仪器或切割玻璃管时，要防止其锐利的碎片或断裂面伤及皮肤，造成出血。在将温度计或玻璃管装入（或拔下）橡皮塞孔或橡皮管口时，要涂些凡士林或水，以增加润滑性，利于装卸。在将90°或更小角度的玻璃管插入橡皮塞时，切勿把另一端管子作为“把柄”着力旋入，这样的违规操作，会折断玻璃管，划破手掌。在将玻璃管（或温度计）装入橡皮塞时，容易发生事故的原因，主要是孔径太小。可以用小圆锉将孔修理加工扩大，使之适宜于装配。在安装玻璃仪器时，将手用布垫衬，可以避免伤手事故发生。

在安装仪器时，一些薄弱部位，例如吸滤瓶的支管尖嘴突出部分，蒸馏烧瓶与分馏柱的支管等，在旋转时力度要适当，同时防止碰撞。在用铁夹固定仪器时，若用力过猛，则易使玻璃破裂，割破皮肤。所以在安装时，施力要适当为宜。

发生割伤时，用水充分洗伤口，必要时压紧伤口止血，并用3.5%碘酒涂在伤口四周消毒，然后急送医院就诊治疗。

1.3.2 预防化学药品灼伤

在使用硝酸、硫酸、盐酸、磷酸、甲酸、乙酸、草酸、苦味酸等化学药品时，要按实验注释与安全提示的要求进行操作，必要时要戴护目镜、橡皮手套，若处理的数量大时，还应穿戴橡皮防护衣裤与长筒靴子等劳动保护用品。不要与皮肤直接接触，当心发生灼伤。若皮肤发生上述化学药品灼伤时，先用大量自来水冲洗，然后用碳酸氢钠的饱和溶液冲洗，急送医院作进一步治疗。

在使用苯酚时，也要注意安全。若发生苯酚灼伤皮肤时，先用大量水冲洗，并急送医院就医治疗。

在使用氢氧化钠、氢氧化钾时，若发生灼伤，应立即用大量水洗涤，然后用弱酸稀溶液（例如2%乙酸溶液，或1%硼酸溶液）冲洗，急送医院治疗。

眼睛受到任何伤害时，必须马上请眼科医师诊治。但在医生就诊之前，应立即用大量细水流冲洗，一定要保持眼皮张开，应持续冲洗15min，冲洗时，要避免水流直射眼球，也不要揉搓眼睛。在做实验时，戴上防护眼镜是保护眼睛的重要措施。

1.3.3 防火与灭火

防火即防止发生意外燃烧。燃烧是物质相互化合而发生光和热的过程。燃烧的必要条件是有可燃物、助燃物（空气中的氧气）和火源（如火花、明火或灼热的物体）的同时存在。防火或灭火的措施就是要控制或消除上述条件，不发生或消灭火情。

1.3.3.1 防火

实验者不得在实验室内吸烟。在需要动用明火或开启电炉时，应环顾四周，是否有人在使用易燃溶剂，如有的话，可推迟用火或搬到安全场所（如通风橱内）去使用明火。

点燃酒精灯火焰者，不得擅离岗位，在确需离开时应熄灭灯火。在使用酒精喷灯时要慎防酒精挂筒的开关阀门泄漏酒精及酒精蒸气出口处的堵塞等，否则点火后会发生火灾。

加热乙醚、酒精、石油醚、苯等沸点低于80℃的易挥发液体时，应当在蒸汽浴或水浴上进行，不能用明火加热，也不能在敞口容器中加热，只能在回流装置中进行升温。投放沸石应当在蒸馏或回流操作前进行，以防止液体暴沸冲出容器而发生事故。

实验室内不要存放大量乙醚、石油醚、酒精等易燃性液体，装有易燃性液体的容器周围，不得有明火。如不慎着火，首先应迅速移去周围一切易燃性物质，同时扑灭火焰。

加热源不得靠近木质设施或木质器壁，其底部不能直接与木质桌面接触，应当用石棉板或瓷板作衬垫，与木质桌面隔离。

使用油浴时，应严防冷水溅入油浴中而引起暴溅，导致灼伤实验者或引起火灾。

要防止浓硝酸与棉织物或干树叶等接触而引燃。

1.3.3.2　灭火

实验室内应在醒目地点，长期固定贮备细沙、泡沫灭火器、二氧化碳灭火器、灭火石棉布等。实验者应熟知其存放位置，能熟练而有针对性地使用灭火器材。实验指导者应定期检查，适时更换过期药剂，发现缺损，应及时补充配齐，严禁随便动用灭火器材。

实验室一旦发生火情，应立即断开电源（或关闭煤气开关），有针对性地进行扑救。如不慎在烧杯、蒸发皿或其他容器中着火，马上用砂袋、玻璃板、石棉板、瓷板、金属板等覆盖，可使其立即熄灭。

如易燃液体洒落地面而着火，宜用干燥细沙扑灭火焰。此时绝不能用水灭火，否则会有使火焰区域扩大的危险。

扑灭燃着的钠、钾，绝不能用水，否则会加剧火情。用干燥的细沙覆盖，可有效灭火。

电器着火，可用二氧化碳灭火器灭火，不会损坏任何仪器。但不能用泡沫灭火器来扑灭，因为泡沫可导电，有漏电危险。

实验者衣服着火时，不能惊慌奔跑，否则着火面会扩大，使火情加剧。着火者可就地滚动，压灭火焰，同时用水冲淋，使火彻底熄灭。

1.3.4　防止爆炸

爆炸是物质发生的变化不断急剧增速，并在短时间内释放大量能量的现象。爆炸是一种破坏力很大的严重事故，应当分析易发生爆炸事故的起因，认真加以防范，杜绝实验室爆炸事故的发生。

对于实验室使用的氢气、氧气、乙烯、乙炔等钢瓶，要与明火保持 10m 以上的距离，远离热源，避免暴晒与强烈震动。

在使用钢瓶气体做实验时，应先除尽容器中的空气，再放入实验所用的气体。切勿在未除尽空气前，点燃氢气、乙炔或乙烯气体。

蒸馏乙醚时，要检查是否有过氧化物的存在。可取少许乙醚，加入碘化钾的酸性溶液，若有碘析出，表示有过氧化物存在，则应在蒸馏前，先除去过氧化物（用酸化过的硫酸亚铁溶液洗涤乙醚）。

乙炔银、乙炔亚铜、偶氮二异丁腈、过氧化苯甲酰、二硝基甲苯、三硝基甲苯、苦味酸及其金属盐、重氮盐、叠氮化物等都是易爆的危险品，不要用磨口容器盛装，不要研磨，不要用金属筛网过筛，不要使其撞击或受热，以免发生事故。

在进行蒸馏、分馏或回流操作时，要检查整个装置是否有连通大气的通道，不能是密闭系统。在进行减压蒸馏时，要检查所用器皿的质量，器壁过薄、器皿有伤痕、平底烧瓶等都容易在减压时发生压炸。所以在进行减压蒸馏操作时，要有安全保护装置。

化学实验室内的废液缸是专门用于盛装当天实验过程中废弃液体的容器。废液缸使用不当或管理不严，也会发生问题，甚至引发意想不到的燃烧或爆炸事故。实验者不能把废液缸当作垃圾箱，不要将废纸、破损玻璃仪器或其他固体物品投入废液缸，应分别将它们投入废纸箱或专门容器内。不要将碳酸钠（或钾）、碳酸氢钠（或钾）与酸一起倒在废液缸内，以免产生大量泡沫而使缸内废液溢出，污染实验室地面。不要将燃着的火柴梗丢在废液缸内。易燃有机液体不能倾倒在废液缸内，应回收在专设的有盖容器内。钠、钾碎片以及易燃、易爆的其他物质，不能投入废液缸内，应当在有经验的教师指导下进行专门处置。每次实验完毕后，应当立即清洗废液缸。废液及清洗液不得倾入下水道内，以免污染环境。应将其投入专门的废水处理池内，经集中处理，达到国家规定的排放标准后，才能向外排放。若久置不洗，以致积累许多不同实验的废液，就将成为隐患，容易酿成事故。

1.3.5 防止中毒

实验室人体中毒的途径，主要是通过呼吸、皮肤渗透、误食等几种形式。防止中毒，就是切断上述中毒途径。

为了防止误服化学药品而中毒，严禁将食品带入实验室，严禁在实验室内进食，不得将烧杯作为茶具饮水，不能用碗、碟等食具盛装化学药品。

不能用手直接接触化学试剂，如手上沾染过药物，应立即用肥皂和冷水冲洗。洒在桌面或地面的药物应及时清理干净。

在进行有毒或有刺激性气体散发的实验时，应当在实验室的通风橱内进行。

1.3.6 安全用电

实验室安全用电，是为了防止电器起火，防止实验者发生触电事故，保障实验的顺利进行。

实验指导者应了解实验室电源的最大负荷，计算实验所用的电器全部同时开动时，是否有超载现象，实验时要观察电源是否发热、发烫，是否有焦煳味气体散发。观察实验室内线路是否有老化现象。若发现有异常现象时，要立即停止使用，请专人检修，不能拖延，以免发生意外。

在电路临时连接电线时，接头处应当用绝缘胶布缠扎，不能用医用胶布替代，以防漏电。更不能裸露电线接头处。电器设备应有接地线，实验者应配备有验电笔，检查所用电器是否漏电。若电器设备不运转或有异味、有漏电，甚至电击现象，均应停止操作，报告老师，请专人检修，不可使电器设备带病操作，导致发生事故。

使用电器时，应保持手、衣服及四周是干燥的，如手湿时，应擦干后再启动电源进行操作。

电器设备的周围工作环境应当无腐蚀性气体、无有机溶剂蒸气等可燃气体存在，应是一个干燥的操作环境，否则仪器易受损或发生事故。

1.3.7 安全使用燃气

在实验室中，煤气、天然气是常用的热源。为保障实验室人员的安全和实验的顺利进行，在使用燃气时，一定要注意以下事项。

① 实验室必须配置通风设施，实验前不要忘记开启，以确保在实验过程中，能时时保持向外排气的良好通风状态。

② 实验人员在使用燃气过程中，不要离开用气设备，当心火焰被风吹灭，或其他原因使火焰熄灭，造成燃气外泄，引发燃气事故。

③ 停止使用燃气时要及时关闭气源阀门。开启长期不用的实验室，应先打开门窗通风，检查是否有燃气泄漏。确认无燃气泄漏后，方可使用燃气器具和操作电器。

④ 发现或怀疑室内燃气泄漏，严禁用明火查漏。应立即报告指导老师，请专业人士检修。查漏可以选用肥皂或洗衣粉加水配制成溶液，涂抹在待检查的燃具、通气的胶管、旋塞阀、燃气表、球阀上，特别是接口处，有气泡鼓起的部位，就是漏点。查漏时要眼看、耳听、手摸、鼻闻配合检查。

1.4 有机化学实验与节能减排

1.4.1 有机化学实验中的节能与减排

节能是指节约能源以及物质材料的消耗，减排是指减少向环境排放污染物的数量。节能减排是我国的一项重大基本国策，也是国家“十二五”规划中的重要工作目标之一。因此在有机化学实验中，最大限度地减少水、电、燃气以及化学试剂等物资材料的消耗和“三废”的排放，有效体现节能减排、保护环境，具有重要的战略意义和现实意义。

（1）节约用水　水与空气一样，是人类赖以生存的必要条件。在现代社会中，水既是重要的生活资源，也是现代工业重要的生产资料。我国是一个缺水的国家，所以水作为一种珍贵的资源，我们在使用时要倍加珍惜与爱护，提倡节约用水。

在有机化学实验中，蒸馏、分馏、回流等操作都要以水为冷却源，用水时间有时长达数小时之久，用量较大。所以，在实验中，控制进水量的大小，成为节水的关键。在实验刚开始加热时，由于蒸气上升量不多，冷却水的进水量可调小些。随着加热的进行，蒸气量逐渐增多，可逐渐加大冷却的进水量，以确保有足够的冷却效果。根据实验进程来调节进水量的大小，既能保持实验的顺利进行，又能节约用水。要防止实验一开始就将进水量调至最大，直到实验结束。这显然会大量浪费宝贵的水资源。更要防止实验已经结束，还在继续通冷却水，实验指导教师要逐一检查，杜绝浪费水资源现象的发生。

冷却用水在使用后尚可二次利用，或用于洗涤，或用于实验室清洁卫生。在有条件的地方，还可作为中水资源，统一回收处理后集中使用，如果直接排入下水道，显然水资源没有得到充分的利用，是十分可惜的。

应当节约用水的场合还有很多，例如，要经常关注自来水管道是否有漏水，水龙头是否损坏而在漏水，实验结束后，是否所有的自来水龙头已关闭等。

（2）节约用电　实验室内的电器设备较多，正确使用电器，不仅能顺利地完成实验任务，而且还能节约用电，保护电器设备，保障实验的安全运行。下面以一些具体事例说明如何关注节约用电。

实验室内加热的电源，用电热包代替普通的电炉，可以提高加热效率，节省电能。在加热时，应当根据实验进程调节加热强度，在开始时，可将加热开关调大些，待要接近所要求温度时，再将加热开关逐渐调小，并保持其温度的平稳，不要出现上下波动。这样既能保障实验的顺利进行，又节省了电能。应防止从实验一开始直到实验结束都将加热开关调至最大，而不注意调节，浪费电能。在使用电烘箱时，如事先把要烘干的玻璃器皿初步晾干，再送入烘箱内干燥，就能大大提高烘箱使用效率，节省电能。不要为一件小的玻璃器皿的干燥而开烘箱，这种单件、小玻璃器皿可使用电吹风吹干。使用电烘箱烘干玻璃器皿时切忌频繁打开烘箱门而浪费电能。

（3）节约实验用品　在有机化学实验中，要注意节约使用各种物品。例如，在合成实验中使用原料时，一般选用化学纯试剂（C. P. 级），如果选用分析纯试剂，就会使实验成本提高，造成浪费。在称量药品时，要避免称量错误和多加药品的浪费现象。实验中使用的溶剂，用后要回收，有些还可循环利用。实验中产生的副产品也应回收留做他用。

玻璃仪器容易发生损坏，但是如果操作得当，就可以减少不必要的损耗。这就要求教师在指导实验时，应特别强调玻璃仪器在安装时最容易发生损坏的部位，如何操作是最安全的。在有针对性的讲解并亲自示范后，还要逐一检查学生的安装与操作，这样才可以使玻璃仪器的损耗减至最小，节约化学实验器材。

(4) 减少“三废”排放　一般说来，实验室产生的“三废”数量不多，但日积月累，其对环境的破坏效果也不容忽视。所以化学实验室应分类收集各种废液、废渣，凡直接排放会对环境造成污染的，必须先自行处理，符合国家排放标准后排放。其中有些废液可在做简单处理后通过专用管道，进入污水处理系统。自行处理达不到国家排放标准的要严格分类收集，装入指定的容器中，贴好标签，注明日期、主要成分等，然后交由专业部门统一处理。决不能将未经过处理的废液、废渣直接向环境排放，而造成环境污染。

在实验过程中，严格控制操作条件，有效抑制副反应的发生和副产物的生成，也是降低“三废”产生的重要途径。

此外，尽可能使用低毒、低害试剂代替毒性大、危害重的试剂，将有毒实验改造成无毒实验，将上一个实验产生的危险废物用于下一个实验，减少危险废物的产生，便可从源头上减少污染。

总之，我们要努力做好实验室“三废”的无害化处理，积极创建“绿色”环保实验室，实现人与自然的和谐相处。

1.4.2　化工企业“三废”治理方法简介

化学工业是国民经济中一个不可或缺的重要部门，其发展直接影响国民经济的增长，化学工业的发展已经成为衡量一个国家综合国力的重要标志之一。随着清洁生产法的严格实施，化工企业的“三废”治理也成为化工行业发展的一个重要内容。化学行业产品品种多，工艺过程复杂，排污量大，有毒有害物质成分复杂，治理难度大。近几年来，随着环保意识的增强，环保技术研究投入的加大，各种“三废”治理方法有了长足的进步。

化工企业的“三废”治理包括废气、废水与固体废弃物的治理。废气主要包括酸性气体、碱性气体、氧化性气体与低沸点有机类废气等；废水主要包括酸性废水、碱性废水、有机类废水、重金属废水、无机盐废水、生物废水等；固体废弃物通常是交由具有治理资质的专门企业处理，就不在此多述。

(1) 废气的处理方法

① 酸性废气的处理方法。酸性废气常见的有卤化氢、二氧化硫、三氧化硫、硫化氢、二氧化氮等，它们的处理方法各异。

卤化氢废气的处理：卤化氢包括氯化氢、溴化氢、氟化氢与碘化氢气体。卤化氢气体由于水溶性较好，通常是采用多级塔循环水吸收后生产相应的酸或酸性水溶液，在生产过程中循环利用。为确保卤化氢气体的完全吸收，通常也会再增加一级碱吸收。

二氧化硫废气的处理：二氧化硫虽然水溶性也较好，但生成的亚硫酸属弱酸，容易从水溶液中逸出，故通常采用氢氧化钠碱吸收，生成亚硫酸盐。

三氧化硫废气的处理：三氧化硫的水溶解性较好，而且与水生成不挥发性硫酸，因此主要是采用水吸收，如果三氧化硫的废气量较大时，也可以采用稀硫酸进行吸收。

硫化氢气体的处理：硫化氢气体主要也是采用碱吸收，生成硫化钠溶液。

二氧化氮的处理：二氧化氮与氢氧化钾反应后生成硝酸钾与亚硝酸钾的混合溶液，工业上将二氧化氮的碱吸收液再与过氧化氢或高锰酸钾反应，使亚硝酸盐变成硝酸盐，再浓缩回收硝酸盐。

② 碱性气体的处理方法。碱性气体主要包括氨气、甲胺气、二甲胺气与三甲胺气等。

氨气的处理：氨气与水溶解性较好，但也容易挥发，通常其处理方法是采用水与稀硫酸联合吸收方法处理。先采用水吸收生成稀氨水后，再用稀硫酸吸收回收硫酸铵。

甲胺气、二甲胺气与三甲胺气体的处理：主要是采用稀硫酸吸收。

③ 氧化性气体的处理方法。氧化性气体主要包括氯气、溴素气体与碘蒸气。这三种气体的处理方法都是采用碱吸收的方法进行回收。

④ 低沸点有机类废气的处理方法。低沸点有机类废气的处理方法主要有多级冷冻回收法、活性炭吸附回收法和碳纤维吸附回收法。而对一些浓度极稀的有机类废气则有两种处理方法，一种是非水溶性有机类废气，采用热循环利用的燃烧法处理；另一种是水溶性有机类废气，则是采用水吸收后，变成废水，进入生化处理池处理。

(2) 废水的处理方法　化工废水主要包括酸性废水、碱性废水、有机类废水、重金属废水等。

废水的处理方法包括物理处理法（如凝聚沉降、澄清、吹脱等）、化学处理法（如中和法、化学反应沉淀法）和生化处理法。此外还有光氧化法、电氧化法等。但在工业上最常用的方法多为物理法、化学法与生化法的联合使用。在此值得提出的是，在生化处理方法中，目前国内外最热门的处理方法为膜生物反应器法（MBR 法），该方法较传统的活性污泥具有更高效的生化处理能力，尤其是对氨氮污水的深度处理上，工业上已经实现了 $1mg \cdot L^{-1}$ 以下的超级处理水平。

由于废水成分复杂，对不同废水进行分类预处理是做好废水处理的关键，不同类别的废水预处理方法分述如下。

① 酸性废水的预处理方法。酸性废水主要包括无机酸（盐酸、硫酸、硝酸、磷酸）性废水、有机酸性废水。其预处理方法主要有酸碱废水相互中和法、投药中和法和过滤中和法。

投药中和可以处理任何浓度的酸碱废水，中和酸性水一般采用生石灰、石灰石、纯碱、烧碱等，工业中最常用传统的中和剂是生石灰，但生石灰残渣在中和池中结成很难清理的硬块，目前很多企业正在逐渐淘汰生石灰工艺，代之以石灰石等碳酸盐矿石，碳酸盐矿石具有处理成本更低、处理后的残渣易清理等优点，但其缺点是中和深度不够，为此国内外研究者设计了不同的固定床、过滤床等装置，通过增加接触时间和接触面积提高中和深度，目前碳酸盐矿石的中和深度已能达到 pH 6.5 左右，完全可以满足生化处理对酸碱度的要求，也达到了国家废水处理排放标准（pH 为 6.0～9.0）的要求。

过滤中和：处理含硝酸、盐酸的废水一般采用过滤中和法，以石灰石、白云石、大理石作滤料层滤料。但对于浓度较大盐酸废水也可以采用先脱氯化氢气体的技术回收大部分盐酸，之后再中和处理。

② 碱性废水的预处理方法。碱性废水主要包括无机碱性废水、含氨碱性废水和有机碱性废水。无机碱性废水的预处理通常是采用酸碱废水相互中和法，如无酸性废水，也可采用废酸中和。

含氨碱性废水的处理目前仍然是重大技术攻关难题。含氨碱性废水包括高浓度含氨废水与低浓度含氨废水。高浓度含氨废水的预处理通常采用空气吹脱——水吸收法处理，但此法要求 pH 在 11.0 以上、温度 80℃左右鼓空气操作，其碱耗及能耗都是很高的。因此工业上是否采用此法要视氨含量的回收价值而定。低浓度氨氮废水目前最好的办法是膜生物反应器法（MBR 法），但 MBR 膜的使用寿命是 MBR 法推广应用的关键制约因素。目前，对膜材料的研究及从工艺方法研究提高 MBR 膜使用寿命是一个很热门的研究方向并取得了很大的进步。

有机碱性废水大都是采用生化方法处理。

③ 有机类废水。有机类废水主要包括生活用水和工业有机物类废水，工业有机物类废水成分较为复杂，应针对不同类型的有机物进行蒸馏、萃取、沉淀反应、膜分离等方法进行预处理，最终再进行生化处理，目前有机类废水最好的生化处理方法仍是 MBR 法。

④ 重金属废水。重金属废水主要以电镀、印制线路板等电子行业为主，其次是从事重金属盐生产和应用企业也存在此类废水的处理问题。重金属盐废水的预处理主要是采用碳酸盐化学沉淀法，经澄清后的废水进入生化处理池，并经反渗透或离子交换处理实现达标排放或中水回用。

【思考题】

(1) 通过有机化学实验，应该达到哪些学习目的？

(2) 进行有机化学实验前，为什么需要充分预习？

(3) 实验室中如何防止火灾事故的发生？衣服着火时应如何处理？

(4) 在化学实验中，应采取哪些环保措施来减少环境污染？

绿色化学与化学实验绿色化

化学工业的飞速发展在保证和提高人类生活质量方面起到了无可替代的作用。但与此同时，随着化学品的大量生产和广泛应用，也给人类原本和谐的生态环境带来了污水、烟尘、难以处置的废物和各种各样的毒物，严重地威胁着人们的健康，危害着我们的地球。这种情况引起了越来越多人的关注。1990 年，美国国会通过了《污染预防法案》，明确提出了污染预防这一概念，要求杜绝污染源。指出最好的防止有毒化学物质危害的办法是从一开始就不生产有毒物质、不形成废弃物。这个法案推动了化学界为预防污染、保护环境做进一步的努力。人们赋予这一新事物以十分贴切的名称：绿色化学。现在，绿色化学已提升到“是对人类健康和生存环境有益的正义事业”的高度。

绿色化学就是环境友好化学，它主张从源头消除污染，不再使用有毒、有害物质，不再产生废物，不再处理废物。

在化学实验中，虽然每次实验排放污染物的量不是很大，但因所用药品种类繁多，试剂变化较大，排放的废弃物成分复杂，累积的污染也就不容忽视。提倡绿色化学实验，尽量做无毒害的实验，无害化处理实验的废弃物，实现零排放，已是化学实验教学中不可忽略的内容之一。如果在化学实验过程中，处处贯彻绿色化学理念，培养绿色化学意识，体现“原子经济”思想，采用无毒无害的实验原料、催化剂及溶剂，倡导微型化、少量化实验，对药物回收利用，对废弃物集中处理，尽量防止或减小化学实验造成的环境污染及对人体的危害，就能使化学实验逐步实现绿色化，为保护环境做出应有的贡献。

第2章　有机化学实验的基本操作

【知识目标】

• 了解有机化学实验中常用的基本操作技术，初步掌握其操作原理。

• 了解利用萃取、蒸馏、分馏、重结晶及升华等方法分离提纯有机物的基本原理。

• 熟悉常用物理参数的测定意义及适用范围。

【技能目标】

• 能应用加热、冷却、干燥、洗涤、结晶、萃取、过滤和升华等基本操作技术，初步掌握分离提纯技术的一般过程和操作方法。

• 能安装与操作普通蒸馏、简单分馏、水蒸气蒸馏和减压蒸馏等仪器装置。

• 初步学会熔点及折射率的测定方法。

在化工生产中，某一产品的生产过程总是由若干个单元操作所组成。常见的化工单元操作有：搅拌、过滤、沉降、加热、冷却、蒸发、气体吸收、液体精馏、萃取、干燥、吸附、流体输送等。在有机化学实验，特别是有机化合物的制备实验中，同样是由若干项基本操作所组成，例如，加热、冷却、过滤、萃取、重结晶、升华、蒸馏、分馏、回流、水蒸气蒸馏、减压蒸馏等。为此，学习有机化学实验，必须首先从掌握有机化学实验的基本操作技能着手，打好扎实的基本功底，才能全面掌握有机化学实验技能。

2.1　加热与冷却

2.1.1　加热与热浴

在有机化学实验中，经常需要进行加热操作，例如，干燥、重结晶、升华、蒸馏、分馏、回流、玻璃加工等。不同性质、不同内容的实验，对加热形式与方法都有不同的要求，实验者首先应熟悉实验室中一些常用的加热手段。

有机化学实验室中常用的直接加热器具有：酒精灯、煤气灯、电炉、电热套（或称电热包）、红外辐射器（或红外线灯）等。其中酒精灯加热是较常用、最方便的一种加热形式，由于其加热强度不大，而且属于明火热源，因此限制在一些场合的使用。煤气灯是一种很方便的加热源，通过调节煤气量的大小，可以控制加热的强度，使用的范围较广，但由于受煤气源供应的限制，不可能随意使用，它也是一种明火热源。电炉是一种使用方便，得到广泛使用的加热源，加热强度可以调节与控制，也是一种明火热源。电热套的电阻丝不外露，是一种空气浴加热形式的热源，有加热均匀的特点，但不能认为是一种非明火热源，仍应当按明火热源对待。红外线辐射器（红外灯）在处理有机产物的干燥操作上用得较多，是一种比较温和的非明火热源。近年来，在有机化学反应中，使用了微波技术。微波是一种新型的加热源，属于非明火型热源，其应用范围将会日益扩大。

热浴是通过传热介质（水、油、沙、空气）传递热量进行间接加热。由于它具有受热面积大、受热均匀、浴温可控制、非明火加热等优点，所以在实验中得到广泛的应用。

常用的热浴有水浴、油浴、沙浴、空气浴等。它们的使用工作温度分别为：水浴在98℃以下，油浴和石蜡浴在200～250℃以下，空气浴在300℃以下，沙浴在400℃以下。实验者可根据所需的加热温度范围，选择适当的热浴形式。

水浴使用方便、安全，但浴温不高，而且不能在无水操作（如制备格利雅试剂、制备醇钠与醇钾等）的场合使用。石蜡浴使用温度范围较适宜，但温度较高时，有烟产生，而且有易燃的危险。所以只能在通风橱内使用。一旦发生火情，应在切断电源后加盖或用沙扑灭。空气浴是一种清洁的加热浴，但加热速度不快，不宜传导大量热量。沙浴可在较高温度使用，安全，但有加热速度慢、温度难控制的缺点。沙浴中的沙粒，可选用普通建筑用沙子，用水清洗掉泥土，晒干后用筛子过筛成细沙后使用。

常用油浴介质见表2-1。

表2-1　常用油浴介质

名称	乙二醇	三甘醇	甘油	有机硅油	石蜡油
使用温度范围/℃	10～180	0～250	−20～260	−40～350	60～230

2.1.2　冷却与冷却剂

使热物体的温度降低而不发生相变化的过程称为冷却。冷却的方法有直接冷却法和间接冷却法两种。直接冷却法是直接将冰或冷水加入被冷却的物料中，此法简便有效，冷却速度快。但只能在不影响被冷却物料的品质的情况下使用。在大多数情况下使用间接冷却法，即通过玻璃壁，向周围的冷却介质自然散热，达到降温目的。

冷却操作首选的冷却剂是水，具有价廉、不燃、热容量大等优点。其次可选用冰，使用前要敲碎，或使用碎冰和水，均可取得迅速冷却的效果。为了获得较低的冷却温度，可按表 2-2 配制较强的冷却剂。

表 2-2 冷却剂配方Ⅰ

冷却剂	(盐含量/冰盐混合物)/%	冰浴最低温度/℃
氯化钠＋冰	10.0 15.0 28.9	−6.56 −10.89 −21.20
氯化钙＋冰	22.5 29.8	−7.80 −55.00
氯化铵＋冰	22.9	−15.80

为了使冰盐混合物能达到预期的冷却温度，按表 2-2 配方在配制冷却剂时要将盐类物质与冰块分别仔细地粉碎，然后仔细地混合均匀，在盛装冷却剂的容器外面，用保温材料仔细地加以保护，使之较长时间地维持在低温状态。如果在配制时，粉碎的冰块过大、混合不均匀、保温措施差，则所配制的冷却剂不可能达到预期的低温。

如需使用更低温度的冷却剂，可使用表 2-3 的配方配制冷却剂。

表 2-3 冷却剂配方Ⅱ

冷却剂	质量/g	冷却剂温度/℃	冷却剂	质量/g	冷却剂温度/℃
酒精 雪(或碎冰)	77 73	−30	乙醚 固体 CO_2	过量	−77
酒精 固体 CO_2	过量	−72	氯乙烷 固体 CO_2	过量	−60
氯仿 固体 CO_2	过量	−77	氯甲烷 固体 CO_2	过量	−82

表 2-3 中固体 CO_2（即干冰）可用保温桶向当地酒厂购买，也可用贮存在碳钢瓶中的二氧化碳（应当在有经验的教师指导下进行操作）。干冰必须在铁研缸（不能用瓷研缸）中很好粉碎，操作时应戴护目镜和手套。由于有爆炸的危险，如用保温瓶盛装时，外面应当用石棉绳（或类似材料），也可以用金属丝网罩或木箱等加以防护。瓶的上缘是特别敏感的部位，使用时要特别小心避免碰撞。在配制时，将固体 CO_2 加入到工业酒精（或其他溶剂）中，并进行搅拌，两者用量并无严格规定，固体 CO_2 应当使用过量。用低温温度计进行浴温的测量。

如果需要更低温度的冷却剂，还可使用液氮，温度可冷却至−195.8℃。液态空气随其存放时间的长短，温度可以在−193～−186℃之间变化，排出蒸气可以使液体的温度更为降低。在适当的液体（如戊烷）中，通液态空气可以得到任意给定的低温。使用液氮或液态空气，应当在有经验的教师指导下进行。

【想一想】

利用干冰可以进行人工降雨，你知道为什么吗?

2.2 干燥与干燥剂

借助热能使物料中水分（或溶剂）汽化的过程称为干燥。干燥可分为自然干燥和人工干燥两种。在化学工业中，有真空干燥、冷冻干燥、气流干燥、微波干燥、红外线干燥和高频率干燥等方法。

在有机化学实验中，干燥是一种重要的操作。许多有机反应需要在绝对无水的条件下进行，所用的原料及溶剂都应当是干燥的，而且还要防止空气中的水分侵入反应体系与介质，因此需对进入的空气进行干燥处理。通过有机合成操作制得的产品，要经过干燥处理后，才能成为合格的产品。

干燥剂是指能除去潮湿物质（固体、液体、气体）中水分的物质。干燥剂有化学干燥剂和物理干燥剂两种，化学干燥剂是一类能吸去水分而常伴有化学反应的物质（如石灰、五氧化二磷等），物理干燥剂是一类能吸附水分或与水形成共沸混合物，而不伴有化学反应的物质（如用硅胶除空气中水分，用苯除去酒精中水分）。

干燥可分为物理方法和化学方法两大类。

（1）物理方法　使用真空干燥、冷冻干燥、气流干燥、微波干燥、红外线干燥、高频率干燥、分馏、共沸蒸馏、吸附等方法进行干燥。

（2）化学方法　使用能与水生成水合物的化学干燥剂进行干燥，如硫酸、氯化钙、硫酸铜及氯化镁等，以及能与水反应后生成其他化合物者，如磷酸酐、氧化钙、钙、钠、镁及碳化钙等。

2.2.1 气体的干燥

将固体干燥剂装填在干燥塔中，需要干燥的气体从塔底部进入，经过干燥剂脱水后，从塔的顶部放出。即气体的干燥是在干燥塔内完成的。

化学惰性气体可使用瓶内装有浓硫酸的洗气瓶进行干燥，在该瓶的前后还应安装两只空的洗气瓶作为安全瓶。

在有机反应体系需要防止湿空气入侵时，在反应器连通大气的开口处装接干燥管，管内盛有氯化钙或钠石灰等干燥剂。

不同性质的气体，应当选择不同类别的干燥剂，如表 2-4 所示。

表 2-4　用于气体的干燥剂

干燥剂	气　　体	干燥剂	气　　体
CaO	NH_3、胺等	$CaBr_2$	HBr
$CaCl_2$（熔融过）	H_2、O_2、HCl、CO、CO_2、N_2、SO_2、烷烃、烯烃、氯代烃、乙醚	KOH（熔融过）	NH_3、胺等
P_2O_5	H_2、O_2、CO_2、SO_2、N_2、烷烃、乙烯	CaI_2	HI
H_2SO_4	O_2、CO_2、CO、N_2、Cl_2、烷烃	碱石灰	O_2、N_2、NH_3、胺

分子筛是由 SiO_2 与 Al_2O_3 组成，具有均一微孔结构，而能将不同大小的分子分离或作为选择性反应的固体吸附剂或催化剂。作为商品出售的 A 型分子筛中的 3A（或钾 A 型）只吸附水，不吸附乙烯、乙炔、二氧化碳、氨和更大的分子，是一种比较理想的气体干燥剂。

可用分子筛干燥的气体有：空气、天然气、氩、氦、氧、氢、重整氢、裂解气、乙炔、乙烯、二氧化碳、硫化氢、六氟化硫。干燥后的气体中的含水量<10mg/m^3。

2.2.2　液体的干燥

（1）干燥剂的选择　液体有机物中的微量水分常用干燥剂脱除。干燥剂的种类很多，效能也不尽相同，选用时应考虑以下因素：①不与被干燥物质发生化学反应；②不能溶解于被干燥物质中；③吸水量大，干燥效能高；④干燥速度快，节省实验时间；⑤价格低廉，用量较少，利于节约。

实验室中常用的干燥剂和适用范围见表 2-5，可供实验者选择。

（2）干燥剂的用量　干燥剂的用量可根据被干燥物质的性质、含水量及干燥剂自身的吸水量来决定。对于分子中有亲水基团的物质（如醇、醚、胺、酸等），其含水量一般也较大，需要的干燥剂多些。如果干燥剂吸水量较少，效能较低，需要量也较大。一般每 10mL 液体加 0.5～1g 干燥剂即可。

（3）干燥操作　液体有机物的干燥通常可在锥形瓶中进行。将已初步分净水分的液体倒入锥形瓶中，加入适量干燥剂，塞紧瓶口，轻轻振摇后静置观察，如发现液体浑浊或干燥剂粘在瓶壁上，应继续补加干燥剂并振摇，直至液体澄清后，再静置 0.5h 或放置过夜。可用无水硫酸铜（白色，遇水变为蓝色）检验干燥效果。

加入干燥剂的颗粒大小要适中，太大吸水缓慢、效果差，若过细则吸附有机物多，影响收率。

2.2.3　固体的干燥

2.2.3.1　自然晾干

固体可自然晾干。将待干燥的样品放在培养皿中，上面再覆盖一张滤纸，以防污染，置于实验室内，让其自然干燥，约需数日。在实验时间允许时，可采用这种方便的干燥方法。

表 2-5　常用的干燥剂

干燥剂	酸碱性	与水作用产物	适用范围	不宜使用的场合	干燥效果
P_2O_5	酸性	HPO_3 $H_4P_2O_7$ H_3PO_4	中性及酸性气体、乙炔、二硫化碳、烃、醚、卤代烃、有机酸溶液(用于干燥器)	碱性物质、醇、乙醚、酮、易聚合物质、HF、HCl	吸湿性很强，用于干燥气体时需与载体相混合，建议干燥时先预干燥，干燥后溶液可蒸馏与干燥剂分开
H_2SO_4	酸性	H_3O^+ HSO_4^-	饱和烃、卤代烃、中性与酸性气体(用于干燥器和洗气瓶)	不饱和化合物、醇、酚、酮、碱性物质(胺等)、H_2S、HI	不适用于高温下的真空干燥；脱水效率高
碱石灰 CaO·BaO	碱性	$Ba(OH)_2$ 或 $Ca(OH)_2$	胺、醇、乙醚、中性及碱性气体	醛、酮、酸性物质等对碱敏感的化合物	特别适宜于干燥气体；作用慢，但效率高；干燥后，可将溶液蒸馏而与干燥剂分开
KOH 或 NaOH	碱性	溶液	烃、乙醚、胺、氨(用于干燥器中)	醛、酮、酸	吸湿性强，快速而有效
K_2CO_3	碱性	$K_2CO_3\cdot1.5H_2O$ $K_2CO_3\cdot2H_2O$	丙酮、胺、酯、腈等	脂肪酸及酸性有机物	有吸湿性，但脱水量及效率一般
Na	碱性	H_2+NaOH	烃、醚、叔胺	氯代烃、醇、酯、胺	效率高，作用慢；要预干燥后，再用 Na 干燥
$CaCl_2$	中性	$CaCl_2\cdot H_2O$ $CaCl_2\cdot2H_2O$ $CaCl_2\cdot6H_2O$	烃、烯烃、丙酮、醚、烷基卤化物、中性气体、HCl	醇、胺、酚、酸、氨($CaCl_2\cdot6H_2O$ 在30℃以上失水)	价廉，含有碱性杂质，脱水量大，作用快，效率不高；良好的初步干燥剂
Na_2SO_4	中性	$Na_2SO_4\cdot7H_2O$ $Na_2SO_4\cdot10H_2O$	卤代烃、醇、醛、酯、酸、酚等各类有机物的干燥	$Na_2SO_4\cdot10H_2O$ 在33℃以上失水，不能用它作干燥剂	价格便宜，脱水量大，作用慢，效率低，为良好的初步脱水剂
$MgSO_4$	中性	$MgSO_4\cdot H_2O$ $MgSO_4\cdot7H_2O$	卤代烃、醇、醛、酯、硝基化合物、酸、酚等 $CaCl_2$ 不能干燥的物质	$MgSO_4\cdot7H_2O$ 在48℃以上失水	比 Na_2SO_4 作用快，效率高；是一个性能良好的干燥剂
$CaSO_4$	中性	$CaSO_4\cdot H_2O$ $CaSO_4\cdot2H_2O$	适用范围广，适用于各类有机物的干燥	—	常与硫酸镁配合，作最后干燥用；干燥速度快，干燥效率中等
$CuSO_4$	中性	$CuSO_4\cdot H_2O$ $CuSO_4\cdot3H_2O$ $CuSO_4\cdot5H_2O$	乙醇、乙醚等	甲醇	比 $MgSO_4$、Na_2SO_4 效率高，但价贵
硅胶	中性	牢固吸附水分	用于干燥器中，也可用于液体脱水	—	吸水量可达40%，经烘干后可反复使用
分子筛 3A 或 4A	中性	牢固吸附水分	适用于各类有机物的干燥和许多气体的干燥	—	快速、高效；需将液体初步干燥后使用

2.2.3.2　加热干燥

待干燥的样品，若加热稳定性好、熔点较高，则可将样品置于表面皿（或蒸发皿）内，在水浴或砂浴上加热烘干。也可以采用红外线灯（红外线辐射器）直接辐照试样，进行烘干。在加热烘干过程中，应注意观察，防止过热、熔化，应当控制加热强度。不时用玻璃棒进行翻动，防止试样的结块。有些被干燥的物质，在较高温度下会分解，可以采用真空干燥方法，在较低的温度下进行干燥。

在图 2-1(a) 中的干燥器内存放的干燥剂，应视待干燥的样品性质而定，可参照表 2-4 中所列的常用干燥剂进行选择。由于采用抽真空干燥，所以干燥速度较快。

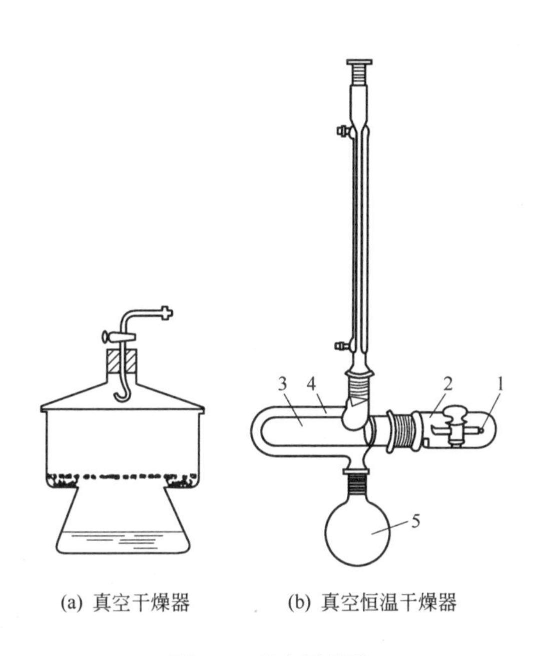

(a) 真空干燥器　　(b) 真空恒温干燥器

图 2-1　真空干燥器

1—二通活塞；2—连接管；3—干燥仓；4—加热外套；5—圆底烧瓶

在图 2-1(b) 中，在圆底烧瓶 5 中加入适当的溶剂（作为传热介质），其沸点应低于所干燥的物质的熔点，由于有回流装置，可以进行恒温干燥。通过活塞可以由 1 接真空系统，使干燥仓 3 内维持一定的真空度，从而加速干燥的进程。

由于干燥仓 3 内的容积有限，只能干燥处理少量样品。

当需要干燥较大量的固体有机物时，可用油浴烘箱。油浴烘箱克服了普通电热鼓风烘箱使用电加热而引起的明火加热及静电等问题，是一种比较安全的干燥仪器。

【想一想】

放在干燥器内的蓝色硅胶，使用一段时间后，变成了红色，经加热又变回蓝色。这一过程发生的是什么反应？

2.3　萃取与洗涤

萃取与洗涤，是利用物质在不同溶剂中的溶解度不同来进行分离和提纯的一种操作。萃取和洗涤的原理相同，只是目的不同。如果从混合物中提取的是所需要的物质，这种操作就叫做萃取，如果是除去杂质，这种操作就叫做洗涤。

2.3.1　液体物质的萃取（或洗涤）

液体物质的萃取（或洗涤）常在分液漏斗中进行。选择合适的溶剂可将产物从混合液中提取出来，也可用水洗去产物中所含的杂质。

分液漏斗的使用方法如下。

（1）使用前的准备　将分液漏斗洗净后，取下旋塞，用滤纸吸干旋塞及旋塞孔道中的水分，在旋塞上微孔的两侧涂上薄薄一层凡士林，然后小心将其插入孔道并旋转几周，至凡士林分布均匀透明为止。在旋塞细端伸出部分的圆槽内，套上一个橡皮圈，以防操作时旋塞脱落。

关好旋塞，在分液漏斗中装上水，观察旋塞两端有无渗漏现象，再打开旋塞，看液体是否能通畅流下，然后，盖上顶塞，用手指抵住，倒置漏斗，检查其严密性。在确保分液漏斗旋塞关闭时严密、旋塞开启后畅通的情况下方可使用。使用前须关闭旋塞。

（2）萃取（或洗涤）操作　由分液漏斗上口倒入溶液与溶剂，盖好顶塞。为使分液漏斗中的两种液体充分接触，用右手握住顶塞部位，左手持旋塞部位（旋柄朝上）倾斜漏斗并振摇，以使两层液体充分接触（见图 2-2）。振摇几下后，应注意及时打开旋塞，排出因振荡而产生的气体。若漏斗中盛有挥发性的溶剂或用碳酸钠中和酸液时，更应注意排放气体。反复振摇几次后，将分液漏斗放在铁圈中静置分层。

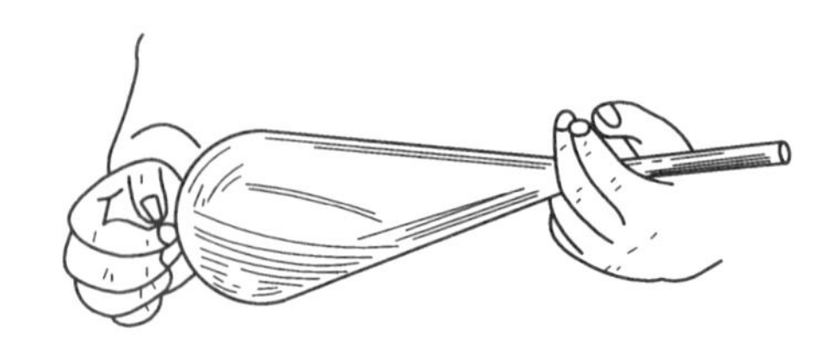

图 2-2　萃取（或洗涤）操作

（3）两相液体的分离操作　当两层液体界面清晰后，便可进行分离液体的操作。先打开顶塞（或使顶塞的凹槽对准漏斗上口颈部的小孔，使漏斗与大气相通），再把分液漏斗下端靠在接受器的内壁上，然后缓慢旋开旋塞，放出下层液体（见图 2-3）。当液面间的界线接近旋塞处时，暂时关闭旋塞，将分液漏斗轻轻振摇一下，再静置片刻，使下层液聚集得多一些，然后打开旋塞，仔细放出下层液体。当液面间的界线移至旋塞孔的中心时，关闭旋塞。最后把漏斗中的上层液体从上口倒入另一个容器中。

通常，把分离出来的上下两层液体都保留到实验完毕，以便操作发生错误时，进行检查和补救。

分液漏斗使用完毕后，用水洗净，擦去旋塞和孔道中的凡士林，在顶塞和旋塞处垫上纸条，以防久置粘牢。

2.3.2 固体物质的萃取

固体物质的萃取常在索氏提取器中进行。索氏提取器主要由圆底烧瓶、提取器和冷凝管三部分组成（见图 2-4）。

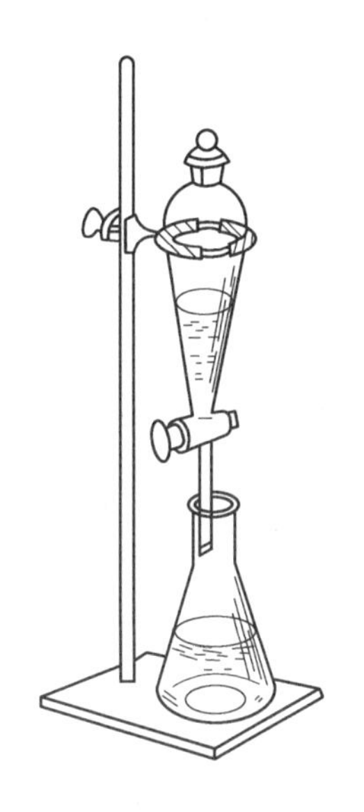
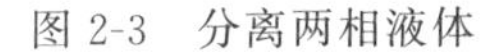

图 2-3　分离两相液体

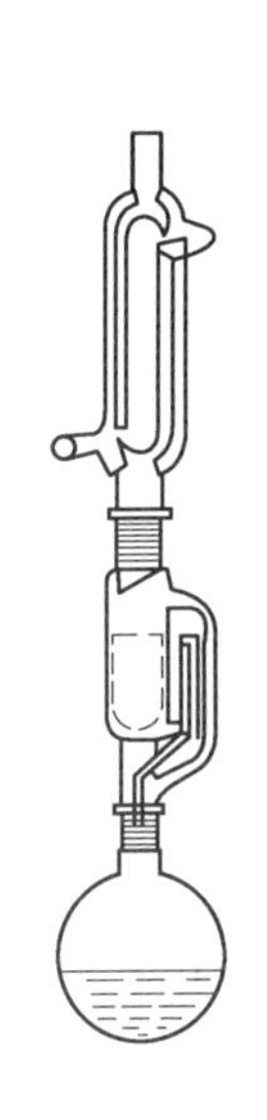

图 2-4　索氏提取器

使用时，先在圆底烧瓶中装入溶剂（一般不宜超过其容积的 1/2）。将固体样品研细放入滤纸套筒内，封好上下口，置于提取器中，按图安装好装置后，对溶剂进行加热。溶剂受热沸腾时，蒸气通过蒸气上升管进入冷凝管内，被冷凝为液体，滴入提取器中，浸泡固体并萃取出部分物质，当溶剂液面超过虹吸管的最高点时，即虹吸流回烧瓶。这样循环往复，利用溶剂回流和虹吸作用，使固体中可溶物质富集到烧瓶中，然后再用适当方法除去溶剂，得到要提取的物质。

在选择萃取溶剂时，要注意溶剂在水中的溶解度大小，以减少在萃取（或洗涤）时的损失。部分常用有机溶剂在水中的溶解度见表 2-6。表中的闪点[1]、爆炸极限[2]数据提供了在使用该溶剂时应当注意的安全性操作的问题。

表 2-6 部分常用有机溶剂在水中的溶解度

溶剂名称	沸点/℃	水中溶解度/%	溶解时温度/℃	闪点/℃	爆炸极限/%	
					下限	上限
正己烷	67～69	0.01	20	−22	1.25	6.9
环己烷	81	不溶解	20	18	1.3	8.3
正庚烷	98.2～98.6	0.005	20	−17	1	6
苯	79～80.6	0.20	20	−11	1.4	8
甲苯	109.5～111	0.05	20	7	1.27	7.0
二甲苯	136.5～141.5	0.01	20	24	3.0	7.6
氯仿	59.5～62	0.5	20		—	—
四氯化碳	75～78	0.08	20	不燃	—	—
1,2-二氯乙烷	82～85	0.87	20	12～18	6.2	15.9
氯苯	130～132	0.049	30	28～32	—	—
甲醇	64～68	全溶	20	9.5	6	36.5
乙醇	78～78.2	全溶	20	12	3.28	19.0
异丙醇	79～83	全溶	20	16	2.5	10.2
丙醇	95～100	全溶	20	29	2.5	9.2
正丁醇	114～118	7.3	20	28～35	1.7	10.2
正戊醇	90～140	5	20	45～46	1.2	—
异戊醇	130～131	4～5	20	42	—	—
乙酸乙酯	76.2～77.2	8.6	20	−1	2.18	11.5
乙酸戊酯	115～150	0.2	20	22～25	1.1	10
乙醚	34～35	5.5～7.4	20	−40	1.7	48
1,4-二氧六环	95～105	全溶	20	18	1.97	22.2
丙酮	55～57	全溶	20	−9	2.15	13.0
丁酮	76～80	24	20	−3	1.81	11.5
环己酮	150～158	5	20	44～47	3.2	9.0
硝基甲烷	101.2	10.5	20	43.3(35)	—	7.3
硝基乙烷	114	4.5	20	41	—	—
硝基丙烷	131.6	1.4	20	49	—	—
硝基环己烷	203～204	15	20	15	—	—
吡啶	115.6	全溶	20	20	1.8	12.4
糠醛	160～165	8.3	20	68	2.1	—
二硫化碳	45.5～47	全溶	20	—	—	—

【注释】

[1] 可燃性液体的蒸气与火接触发生闪火的最低温度叫闪点。它是可燃性液体的一个性能指标，表示可燃性液体发生火灾和爆炸可能性的大小，与液体的贮存、运输和使用的安全有密切关系。

[2] 爆炸极限是指可燃气体或蒸气与空气的混合物能发生爆炸的限度范围，即浓度的上限和下限。浓度高于上限和低于下限的都不会发生爆炸。爆炸极限也是可燃物质的一个性能指标，是在生产、贮存、运输和使用可燃物质时必须注意的一个重要指标。

【想一想】

某学生采用分液漏斗萃取所制备的液体有机物。在进行分离操作时，由于一时疏忽，倒掉了含有产品的液层，从而导致实验前功尽弃。为防止这种错误的发生，可以采取什么措施?

2.4　重结晶与过滤

2.4.1　重结晶

将晶体用溶剂先进行加热溶解后，再冷却又重新成为晶态析出的过程称为重结晶。这是固体有机化合物最普遍、最常用的提纯方法。

2.4.1.1　溶剂的选择

进行重结晶操作，首先要选择好溶剂。根据相似相溶规律，非极性或极性很小的溶质易溶于非极性或极性很小的溶剂中，极性强的溶质则易溶于强极性溶剂中。

溶剂的极性在很大程度上取决于介电常数，可以通过查找与对比介电常数值的大小，选择最适宜的溶剂。

重结晶溶剂必须符合下述条件。

① 溶剂不和重结晶物质发生化学反应。

② 在高温时，重结晶物质在溶剂中的溶解度较大，而在低温时则很小。

③ 杂质在溶剂中的溶解度或者是很大（重结晶物质析出时，杂质仍留在母液内），或者是很小（重结晶物质溶解在溶剂中时，可借助过滤，将不溶的杂质滤去）。

④ 溶剂与重结晶物质容易分离。重结晶物质在该溶剂内有较好的结晶状态，有利于与溶剂的分离。

⑤ 溶剂的沸点适宜，因为溶剂的沸点高低，决定操作时温度的选择。

⑥ 溶剂的价格、毒性、易燃性，决定了重结晶操作成本的高低与操作安全性的评价。

寻找合适的溶剂进行重结晶操作，可以直接从实验资料上获得，也可以通过表 2-7 选择适宜的溶剂。

如不能直接从实验资料找到适合的溶剂，或从表 2-7 中，只能找到几个可能作为重结晶的溶剂，难于准确地确定所需要的溶剂。这时，可用下述测定溶解度的实验方法进一步认定。

加入 1mL 溶剂后，试样不溶解，待加热后才溶解，冷却后有大量结晶析出者，则可选定为重结晶溶剂。若加入 1mL 溶剂后加热仍不溶解，后逐渐滴加溶剂，每次约0.5mL，直至3mL，样品仍不溶解者，则不适用。若在3mL内，加热溶解，冷却后有大量结晶析出者，可选用。

表 2-7　重结晶常用溶剂的性质

溶剂名称	b. p. /℃	ρ/(g・cm⁻³)	ε(15～20℃)	溶剂名称	b. p. /℃	ρ/(g・cm⁻³)	ε(15～20℃)
水	100	0.998	81	乙酸	118	1.049	7.1
甲酸	101	1.221	58	乙酸乙酯	77	0.901	6.1
乙腈	82	0.783	39	氯仿	61	1.486	5.2
甲醇	65	0.793	31	乙酸戊酯	148	0.877	4.8
乙醇	78	0.789	26	乙醚	35	0.713	4.3
异丙醇	82	0.789	26	丙醚	141	0.992	3.2
正丙醇	97	0.804	22	二硫化碳	46	1.263	2.63
丙酮	57	0.792	21	间二甲苯	139	0.864	2.38
乙酐	140	1.082	20	甲苯	111	0.866	2.37
正丁醇	118	0.810	19	苯	80	0.879	2.29
甲乙酮	80	0.805	18	四氯化碳	77	0.594	2.24
吡啶	115	0.982	12	环己烷	80.7	0.779	2.02
氯苯	132	1.107	11	己烷	69	0.660	1.87
二氯乙烷	84	1.252	10.4	石油醚	40～60	0.60～0.63	1.80

注：b. p. 为沸点；ρ为密度；ε为介电常数。表内所列溶剂按ε值由大至小排列。

有时在试验中会出现这样的情况，样品在某一溶剂中很容易溶解，而在另一种溶剂中则很难溶解，而这两种溶剂又可以相互混溶，则可将它们配成混合溶剂进行试验。常用的混合溶剂有：水-乙醇、水-丙酮、水-1,4-二氧六环、水-冰醋酸、乙醚-苯、乙醇-苯、苯-石油醚、丙酮-石油醚、氯仿-石油醚等。测定溶解度的试验方法如前所述。

2.4.1.2　重结晶操作

在选定溶剂后，便可进行重结晶操作，其程序如下。

（1）热溶解　用选定的溶剂将被提纯的物质溶解，制成热的饱和溶液。若用水作溶剂，可在敞口容器（如烧杯、锥形瓶等）中进行溶解，并可直接加热；若用易挥发的有机溶剂，则需在回流冷凝装置中进行溶解，除高沸点溶剂外，对于沸点<100℃的溶剂，一般选用水浴加热。

溶剂可分多次加入，每次加入后均需沸腾，直至样品全部溶解。若补加溶剂后，仍未见残渣减少，应视其为不溶性杂质，此时可不必再补加溶剂。

（2）脱色　如果溶液中含有带色杂质，可待溶液稍冷后，加入适量（约占被提纯物的1%～2%）活性炭，再煮沸5～10min，利用活性炭的吸附作用除去有色杂质。

（3）热过滤　将溶液趁热在保温漏斗中过滤，除去活性炭及其他不溶性杂质。也可将布氏漏斗事先预热后，在布氏漏斗上快速减压过滤。要注意，滤液中不应有黑色的活性炭颗粒存在。

（4）结晶　将溶液充分冷却，使被提纯物呈结晶状析出。

经热过滤后的溶液若慢慢放冷，可形成颗粒较大的结晶，若用冷水快速冷却，则容易得到颗粒细小的结晶。大颗粒结晶的纯度要超过细小颗粒结晶的纯度。若经冷却后，没有结晶析出，可用玻璃棒摩擦容器内壁，以促使晶体的生成。也可加入少许与试样完全相同的纯品作为晶种，促进晶体的生长。

（5）减压过滤　利用减压过滤装置将晶体与母液分离，除去可溶性杂质。用与重结晶相同的冷溶剂洗涤滤饼两次，再压紧抽干。

（6）干燥　滤饼经自然晾干或烘干，以脱除残存于产物中的少量溶剂，即得到精制品。

2.4.2　过滤

采用过滤介质将悬浮在液体中的固体颗粒分离开来的操作称为过滤。过滤分为普通过滤、减压过滤与加热过滤。

2.4.2.1　过滤介质

实验室中常用的过滤介质有滤纸、砂芯漏斗、玻璃棉等。近年来，一些新型过滤材料也已出现在实验室与工业装置上。

（1）滤纸　有机化学实验室最常用的过滤介质是滤纸。普通滤纸的滤孔尺寸大小在 2～5μm，细滤纸的滤孔尺寸大小在 0.8～1.7μm。根据沉淀物的性质和沉淀颗粒的大小，选择合适滤孔的滤纸，可加快滤速。

（2）砂芯漏斗　砂芯漏斗又称为烧结玻璃漏斗。它是由玻璃粉末烧结制成多孔性滤片，再焊接在相同或相似的膨胀系数的玻壳或玻璃上所形成的一种过滤器材。当滤液具有碱性，或者有酸性物质、酸酐、氧化剂等存在时，对普通滤纸有腐蚀性作用，在过滤（或吸滤）时容易发生滤纸破损，使待滤物穿透滤纸而泄漏，导致过滤的失败。而选用砂芯漏斗可进行有效的分离。表 2-8 列出国产砂芯漏斗的型号、规格和用途，实验者可根据沉淀颗粒大小，选用不同号码的漏斗，以达到最佳过滤效果。

表 2-8　国产砂芯漏斗的型号、规格和用途

型　号	滤板平均孔径/μm	一　般　用　途
1	80～120	滤除大粒沉淀
2	40～80	滤除较大颗粒沉淀
3	15～40	滤除化学反应中的一般结晶和杂质，过滤水银
4	5～15	滤除细粒沉淀
5	2～5	滤除极细颗粒，滤除较大的细菌
6	＜2	滤除细菌

新购置的砂芯漏斗，在使用前，应当用热盐酸或铬酸洗液进行抽滤，随即用蒸馏水洗净，除去砂芯中的尘埃等外来杂质。

砂芯漏斗不能过滤浓氢氟酸、热浓磷酸、热（或冷）浓碱液。这些物质可溶解砂芯中的微粒，使滤孔增大，并有使芯片脱落之危险。砂芯漏斗在减压（或受压）使用时其两面的压力差不允许超过 101.3kPa。因砂芯漏斗有熔接的边缘，在使用时的温度环境要相对稳定，防止温度急剧升降，以免漏斗破损。

砂芯漏斗每次用毕或使用一段时间后，会因沉淀物堵塞滤孔而影响过滤效率，因此必须及时进行有效的洗涤。可将砂芯漏斗倒置，用水反复进行冲洗，以洗净沉淀物，烘干后即可再用。还可根据不同性质的沉淀物，有针对性地进行化学洗涤。

砂芯漏斗不能用来过滤含有活性炭颗粒的溶液，因为细小的炭粒容易堵塞滤板的洞孔，使其过滤效率下降，甚至报废。

（3）高分子膜材料　高分子膜材料是新型过滤材料，有聚砜、聚醚砜、亲水性的三醋酸纤维素、聚丙烯腈等。它们在溶剂脱水、饮用水处理、油水分离、工业水处理等行业中已得到很好的应用。

（4）无机陶瓷膜材料　无机陶瓷膜材料也是一种新型过滤材料。它具有耐酸碱，耐有机溶剂及大多数化学品，机械强度高，可经受蒸汽、氧化剂消毒，易清洗再生、抗污染强、易贮存、工作寿命长等特点。

（5）其他过滤介质

① 棉织布：质地致密的棉织布强度比滤纸要高，可代替滤纸作为过滤介质。

② 毛织物（或毛毡）：耐酸性好，可用以过滤强酸性溶液。

③ 涤纶布、氯纶布：耐酸、碱，可用在强酸性或强碱性溶液的过滤中。

④ 玻璃棉：可用以过滤酸性介质，因其孔隙大，只适合于分离颗粒较粗的试样。

2.4.2.2　过滤操作（以滤纸作为过滤介质为例）

（1）普通过滤　普通过滤一般在常温、常压下进行。通常使用 60°角的圆锥形玻璃漏斗。放进漏斗的滤纸，其边缘应比漏斗上口略低。过滤前，先把滤纸润湿，使其贴在漏斗壁上，然后沿玻璃棒倾入液体，其液面应比滤纸边缘低约 1cm。漏斗颈应靠在接受容器的内壁上。

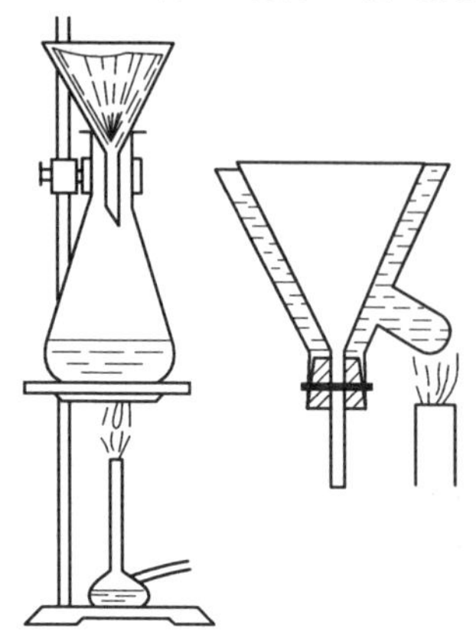

图 2-5　保温漏斗与热过滤装置

（2）热过滤　又叫保温过滤，常用于重结晶操作中。用普通玻璃漏斗过滤热的饱和溶液时，常常由于温度降低而在漏斗颈中或滤纸上析出结晶，不仅造成损失，而且使过滤发生困难。如果使用保温漏斗（又叫热水漏斗）就不会发生这种情况。

① 保温漏斗的装配。将一支普通的短颈玻璃漏斗通过胶塞与带有侧管的金属夹套装配在一起，夹套中充注热水，侧管处加热（见图 2-5）。这样就可

使玻璃漏斗维持较高温度，保证热溶液通过时不降温，顺利过滤。注意：若溶剂为易燃性物质，过滤时侧管处应停止加热。

② 扇形滤纸的折叠。热过滤时，为充分利用滤纸的有效面积，加快过滤速度，常使用扇形滤纸，其折叠方法如图 2-6 所示。

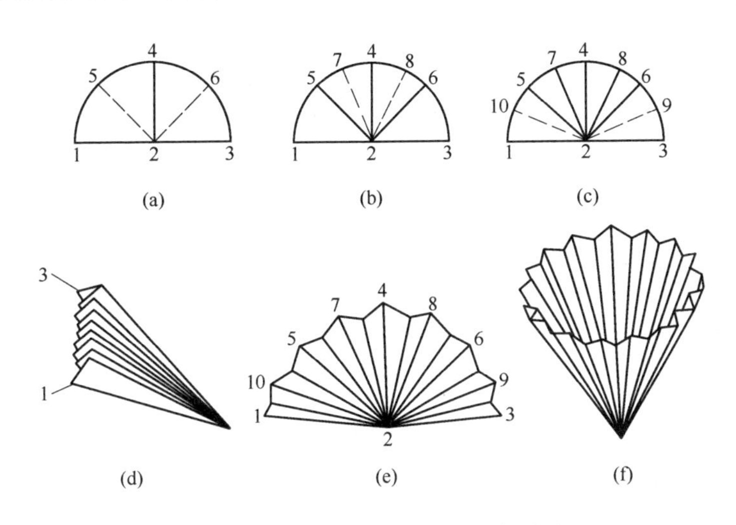

图 2-6　热过滤用的扇形滤纸的折叠法

先将圆形滤纸对折成半圆，再对折成圆的 1/4，展开后得折痕 1-2、2-3 和 2-4 [见图 2-6(a)]；再以 1 对 4 折出 5，3 对 4 折出 6，1 对 6 折出 7，3 对 5 折出 8 [见图 2-6(b)]；以 3 对 6 折出 9，1 对 5 折出 10 [见图 2-6(c)]；然后在每两个折痕间向相反方向对折一次，展开后呈双层扇面形 [见图 2-6(d)]；拉开双层，在 1 和 3 处各向内折叠一个小折面 [见图 2-6(e)] 即可放入漏斗中使用。

注意：折叠时，折纹不要压至滤纸的中心处，以免多次压折造成磨损，过滤时容易破裂透滤。

在热过滤操作时，可分多次将溶液倒入漏斗中，每次不宜倒入过多（溶液在漏斗中停留时间长易析出结晶），也不宜过少（溶液量少散热快，易析出结晶）。未倒入的溶液应注意随时加热保持较高温度，以便顺利过滤。

(3) 减压过滤　减压过滤又叫抽气过滤（简称抽滤）。采用抽气过滤，即可缩短过滤时间，又能使结晶与母液分离完全，易于干燥处理。

① 减压过滤装置。减压过滤装置由布氏漏斗、吸滤瓶、缓冲瓶和减压泵四部分组成（见图 2-7）。

② 减压过滤操作。减压过滤前，需检查整套装置的严密性，布氏漏斗下端的斜口要正对着吸滤瓶的侧管，放入布氏漏斗中的滤纸，应剪成比漏斗内径略小一些的圆形，以能全部覆盖漏斗滤孔为宜。不能剪得比内径大，那样滤纸周边会起皱褶，抽滤时，晶体就会从皱褶的缝隙被抽入滤瓶，造成透滤。

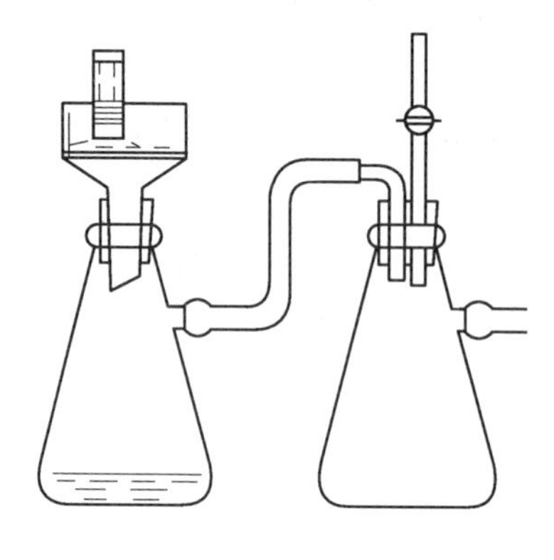

图 2-7 减压过滤装置

抽滤时，先用同种溶剂将滤纸润湿，再打开减压泵，将滤纸吸住，使其紧贴在布氏漏斗底面上，以防晶体从滤纸边沿被吸入瓶内。然后倾入待分离的混合物，要使其均匀地分布在滤纸面上。

母液抽干后，暂时停止抽气。用玻璃棒将晶体轻轻搅动松散（注意玻璃棒不可触及滤纸），加入少量冷溶剂浸润后，再抽干（可同时用玻璃塞在滤饼上挤压）。如此反复操作几次，可将滤饼洗涤干净。

停止抽气时，应先打开缓冲瓶上的二通活塞（避免水倒吸），然后再关闭减压泵。

【想一想】

减压过滤时，若布氏漏斗中的滤纸裁剪过大或过小，会造成什么后果？

2.4.3 用重结晶法提纯苯甲酸（基本操作实验一）

2.4.3.1 目的要求

（1）了解利用重结晶法提纯固体有机物的原理与方法。

（2）初步掌握溶解、加热、热过滤与减压过滤等基本操作技能。

（3）研究重结晶操作中，溶剂的用量及冷却速度对实验的影响。

2.4.3.2 实验原理

本实验利用苯甲酸[1]在水中的溶解度随温度变化差异较大的特点（如 18℃时为 0.27g，100℃时为 5.7g），将苯甲酸粗品溶于沸水中并加活性炭脱色，不溶性杂质与活性炭在热过滤时除去，可溶性杂质在冷却后、苯甲酸析出结晶时留在母液中，从而达到提纯目的。

2.4.3.3 实验用品

烧杯（200mL）、锥形瓶（250mL）、量筒、表面皿、玻璃棒、保温漏斗、减压过滤装置、台秤。

苯甲酸（粗品，杂质为水杨酸，质量比为 1∶0.05）、活性炭、去离子水。

2.4.3.4 实验步骤

（1）热溶解　在小台秤上称取苯甲酸粗品 2g，放入 250mL 锥形瓶中，加入 60mL 去离子水，与 1 粒沸石[2]。在石棉网上加热至微沸，并不断搅拌使苯甲酸完全溶解。如不能全溶可补加适量水[3]。

（2）脱色　将锥形瓶取离热源，加入 5mL 冷水[4]，再加入 0.1g 活性炭稍加搅拌后，继续煮 5min。

（3）热过滤　将保温漏斗固定在铁架台上，夹套中充注热水，并在侧管处用酒精灯加热。将折叠好的扇形滤纸放入漏斗中，当夹套中的水接近沸腾（发出响声）时，迅速将锥形瓶内混合液倾入漏斗中趁热过滤[5]。滤液用洁净的烧杯接收。待所有溶液过滤完毕后，再用少量热水洗涤锥形瓶和滤纸，收集的滤液合并在一起。

（4）结晶　所得滤液在室温放置、冷却10min后，再在冰水浴中冷却15min，以使结晶完全。

（5）抽滤　待结晶析出完全后，减压过滤，用玻璃塞挤压晶体，尽量将母液抽干。暂时停止抽气，用10mL冷水分两次洗涤晶体，并重新压紧抽干。

（6）干燥　将晶体转移至表面皿，摊开呈薄层，自然晾干或于100℃以下烘干。

（7）称量　干燥后称重，计算收率。产品留作测熔点（2.6.5实验）用。

【做一做】

在完成上述实验后，让我们一起来做一个有关重结晶条件的探索性试验吧！

每三人为一组，分别按下列实验条件对1g苯甲酸粗品用去离子水进行重结晶。

1. 在过量水（100mL）中重结晶；

2. 在少量水（20mL）中重结晶；

3. 在30mL水中重结晶，但在冷却至室温前，迅速浸入冰浴中，使其快速析出结晶。

滤集产品，烘干、称量、计算收率，留作测熔点。

【讨论】

在完成各自试验后，一起交流、比较试验结果，讨论不同实验条件对重结晶产品收率及纯度的影响。

1. 如果在重结晶时加入溶剂量过多，则溶解在溶剂中的苯甲酸量会（a. 增加 b. 减少），析出的结晶量会（a. 增加 b. 减少），但对提高苯甲酸纯度（a. 有利 b. 不利）。

2. 如果在重结晶时加入溶剂量不足，则溶解在溶剂中的可溶性杂质（a. 完全 b. 不完全），苯甲酸的产量（a. 增加 b. 减少），但质量（a. 提高 b. 降低）。

3. 如果重结晶后迅速冷却，则结晶析出（a. 加快 b. 减慢），晶形（a. 较大 b. 细小），产品纯度（a. 较高 b. 较低）。

【注释】

[1] 苯甲酸（benzoic acid） C_6H_5—COOH ［65-85-0］ 俗称安息香酸。无色片状结晶，粗品因含杂质而呈微黄色。m. p. 122. 13℃。b. p. 249℃。ρ=1. 2659（15℃/4℃）。微溶于水，溶于乙醇、乙醚、氯仿、苯、二硫化碳、四氯化碳和松节油。在100℃时迅速升华，能随水蒸气同时挥发。苯甲酸常以游离酸、酯的形式存在。在香精油中以甲酯形式存在。在食品添加剂中，苯甲酸与苯甲酸钠属于常用的酸性环境防腐剂。

[2] 沸石可以起到沸腾中心的作用，防止液体发生暴沸现象。如沸腾的溶液放冷后重新加热，因原有的沸石已经失效应当重新加入沸石。

[3] 若未溶解的是不溶性杂质，可不必补加水。

[4] 此时加入冷水，可降低溶液温度，便于加入活性炭。又可补充煮沸时蒸发的溶剂，防止热过滤时析晶在滤纸上，造成产品损失。

[5] 热过滤的准备工作应事先做好，实验一开始就应预热漏斗。也可用事先在沸水浴或电烘箱中预热过的布氏漏斗连接减压抽气系统经快速过滤来完成。在预热布氏漏斗时，应注意从室温开始徐徐升温。

2.4.3.5 安全提示

① 使用保温漏斗时，要当心沸水或盛装沸水的铜漏斗烫伤手与身体。安装预热过的布氏漏斗时，应当用抹布垫衬防止烫伤手掌。

② 不可向正在加热至沸的溶液中投放活性炭，以防引发暴沸事故。

【思考题】

(1) 为什么可用水作溶剂，对苯甲酸进行重结晶提纯?

(2) 重结晶时，为什么要加入稍过量的溶剂?

(3) 热过滤时，若保温漏斗夹套中的水温不够高，会有什么后果?

2.5 升华

升华是指有较高蒸气压的固体物质，受热不经过熔融状态直接转变成气体，气体遇冷，又直接变成固体的过程。

2.5.1 适用范围及条件

升华是提纯固体有机化合物的一种操作方法。用升华法提纯所得产品的纯度较高，含量可达98%～99%，适宜于制备无水物或分析用试剂。升华时的温度较低，在操作上很有利。但用升华提纯有机物的种类有限，表2-9列出某些易升华物质的蒸气压。

表 2-9　某些易升华物质的蒸气压

名　称	熔点/℃	固体在熔点时的蒸气压/kPa	名　称	熔点/℃	固体在熔点时的蒸气压/kPa
干冰(固体 CO_2)	−57	516.78	(固体)苯	5	4.80
六氯乙烷	189	104.00	邻苯二甲酸酐	131	1.20
樟脑	179	49.33	萘	80	0.93
碘	114	12.00	苯甲酸	122	0.80
蒽	218	5.47			

只有具备下列条件的固体物质才可以用升华的方法进行精制。

① 欲升华的固体在较低温度下具有较高的蒸气压。

② 固体与杂质的蒸气压差异较大。

此外，升华操作时间较长，损耗较大，因此只适宜于少量操作。

在加热时，物质的蒸气压增加，升华的速度也增加。为了避免物质的分解，温度的升高应视情况而定。

在升华时，利用通入少量空气或惰性气体，可以加速蒸发，同时使物质的蒸气离开加热面易于冷却。但不宜通入过多的空气或其他气体，以免造成带走升华产品的损失。另外，利用抽真空以排除蒸发物质表面的蒸气，也可提高升华的速度。通常是减压与通入少量空气（或惰性气体）同时应用，以加速升华。

升华速度与被蒸发物质的表面积成正比，因此被升华的物质愈细愈好，使升华的温度能在低于物质的熔点的温度下进行。

2.5.2　装置与操作

升华装置可分为常压和减压两种。当需要快速升华或被提纯物质蒸气压较低，受热易分解时，可采用减压升华装置。一般情况下，采用常压升华即可。

2.5.2.1　常压升华

常压升华装置如图 2-8(a) 所示，在蒸发皿中，放入经过干燥、粉碎的样品，在其上覆盖一张穿有一些小孔的圆形滤纸，其直径应比漏斗口要大。再倒置一个漏斗，漏斗的长颈部分塞一团疏松的棉花。

在石棉铁丝网（或沙浴）上，加热蒸发皿，控制加热温度应低于被升华物质的熔点。蒸气通过滤纸小孔，在器壁上冷凝，由于有滤纸阻挡，不会落回蒸发皿中。收集漏斗内壁与滤纸上的晶体，即为经升华提纯的物质。

也可用图 2-8(b) 的装置，将待升华的样品放入烧杯中，在烧杯上放一内部通冷水的蒸馏烧瓶（该烧瓶的最大直径部分应大于烧杯直径），被升华物质受热汽化后，在蒸馏烧瓶底部外壁冷凝成晶体。

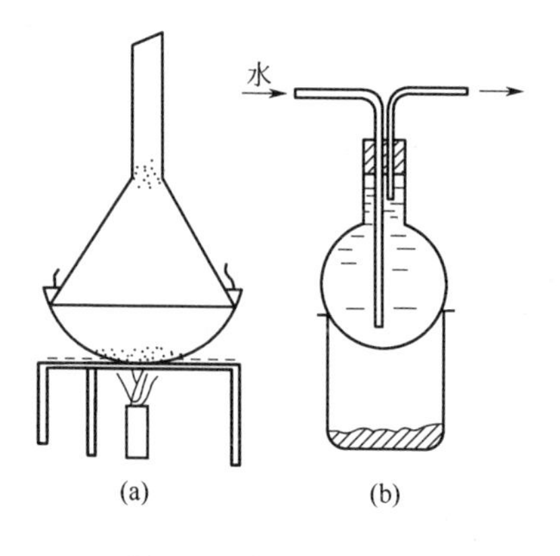

图 2-8　常压升华装置

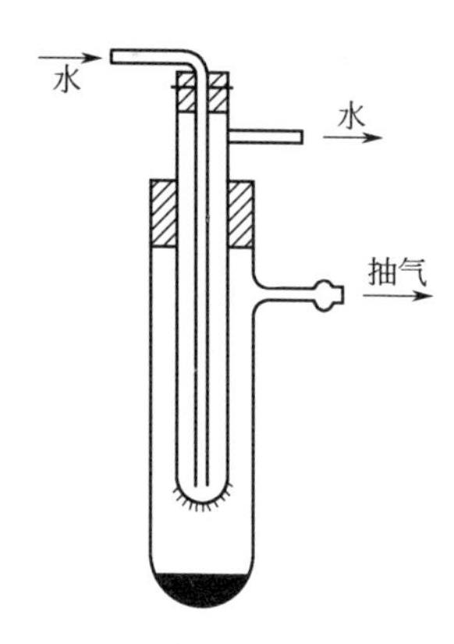

图 2-9　减压升华装置

2.5.2.2　减压升华

减压升华装置如图 2-9 所示。将待升华物质放在吸滤管中，并将吸滤管与减压泵相连，管口用装有具支试管的塞子塞紧，在具支试管内通冷却水，然后开动水泵或真空泵减压，吸滤管浸在水浴或油浴中逐渐加热，升华的物质冷凝在试管的外壁上。

2.6　蒸馏

蒸馏是指在常压下，将液态物质加热至沸腾，使之成为蒸气状态，然后再将其冷凝为液体的过程，也称为普通蒸馏。

2.6.1　蒸馏的原理及意义

若被蒸馏的液体是纯物质，当该物质蒸气压与液体表面的大气压相等时，液体呈沸腾状，此时的温度即为该液体的沸点。所以通过蒸馏操作可以测定纯液体物质的沸点。

当对液体混合物加热时，低沸点、易挥发的物质首先蒸发，在蒸气中含有较多的易挥发组分，在剩余液中含有较多的难挥发组分。显然，通过蒸馏可以使混合物中各组分得到部分或完全分离。所以，蒸馏是分离和提纯液态有机化合物最常用的一种方法。需要说明的是，只有两种液体的沸点差大于30℃的混合物或者组分之间的蒸气压比大于 1 时，才能利用普通蒸馏的方法进行分离或提纯。

2.6.2　蒸馏装置

蒸馏装置主要由蒸馏烧瓶、冷凝管和接受器三部分组成，如图 2-10 所示。

首先选择蒸馏瓶的大小。一般是被蒸馏物的体积占烧瓶容积的1/3～2/3为宜。用铁夹夹住瓶颈上端，根据烧瓶下面热源的高度，确定烧瓶的高度，并将其固定在铁架台上。在蒸馏烧瓶上安装蒸馏头，其竖口插入温度计（为水银单球内标式，分度值为0.1℃，量程应适合被蒸馏物的沸点范围）。温度计水银球上端与蒸馏头支管的下沿保持水平。蒸馏头的支管依次连接直形冷凝管（注意冷凝管的进水口应在下方，出水口应在上方，铁夹应夹住冷凝管的中央）、接受管（具小嘴）、接受瓶（还应再准备1～2个已称量的干燥、清洁的接受瓶，以收集不同的馏分）。用橡皮管连接水龙头与冷凝管的进水口，再取一根橡皮管一端连接冷凝管的出水口，另一端放在水槽内。

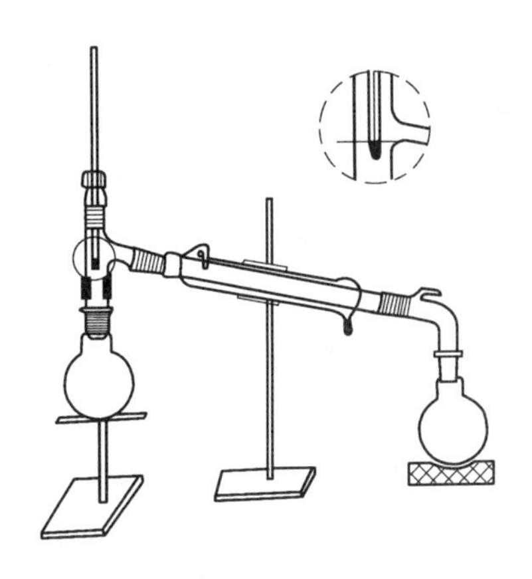

图2-10 普通蒸馏装置（用水冷式冷凝管）

在安装时，其程序一般是由下（从加热源）而上，由左（从蒸馏烧瓶）向右，依次连接。有时还要根据接受瓶的位置（有时还显得过低或过高），反过来调整蒸馏烧瓶与加热源的高度。在安装时，可使用升降台或小方木块作为垫高用具，以调节热源或接受瓶的高度。

在蒸馏装置安装完毕后，应从三个方面检查：①从正面看，温度计、蒸馏烧瓶、热源的中心轴线在同一条直线上，可简称为“上下一条线”，不要出现装置的歪斜现象；②从侧面看，接受瓶、冷凝管、蒸馏瓶的中心轴线在同一平面上，可简称为“左右在同一面”，不要出现装置的扭曲或曲折等现象，在安装中，使夹蒸馏烧瓶、冷凝管的铁夹伸出的长度大致一样，可使装置符合规范；③装置要稳定、牢固，各磨口接头要相互连接，要严密，铁夹要夹牢，装置不要出现松散或稍一碰就晃动。能符合这些要求的蒸馏装置将具有实用、整齐、美观、牢固的优点。

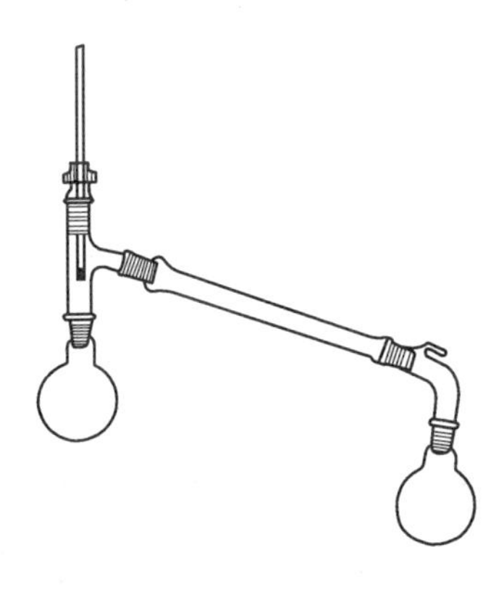

图2-11 普通蒸馏装置（用空气冷凝管）

如果被蒸馏物质易吸湿，应在接受管的支管上连接一个氯化钙管。如蒸馏易燃物质（如乙醚等），则应在接受管的支管上连接一个橡皮管引出室外，或引入水槽和下水道内。

当蒸馏沸点高于140℃的有机物时，不能用水冷冷凝管，要改用空气冷凝管，如图2-11所示。

若使用热浴作为热源，则热浴的温度必须

比蒸馏液体的沸点高出若干度，否则是不能将被蒸馏物蒸出的。热浴温度比被蒸馏物的沸点高出愈多，蒸馏速度愈快。但加热浴的温度最高不能比沸点超过30℃。否则会导致瓶内物质发生冲料现象，以致引发燃烧等事故的发生。这在处理低沸点、易燃物时尤应注意。过度加热还会引起被蒸馏物的过热分解。

在蒸馏乙醚等低沸点易燃液体时，应当用热水浴加热，不能用明火直接加热，也不能用明火加热热水浴。应用添加热水的方法，维持热水浴的温度。

2.6.3 蒸馏操作

检查装置的稳妥性后，便可按下列程序进行蒸馏操作。

(1) 加入物料　将待蒸馏液体通过长颈玻璃漏斗由蒸馏头上口倾入圆底烧瓶中（注意漏斗颈应超过蒸馏头侧管的下沿，以防液体由侧管流入冷凝器中），投入几粒沸石（防止暴沸），再装好温度计。

(2) 通冷却水　仔细检查各连接处的气密性及与大气相通处是否畅通（绝不能造成密闭体系!）后，打开水龙头开关，缓慢通入冷却水。

(3) 加热蒸馏　选择适当的热源，先用小火加热（以防蒸馏烧瓶因局部骤热而炸裂），逐渐增大加热强度。当烧瓶内液体开始沸腾，其蒸气环到达温度计汞球部位时，温度计的读数就会急剧上升，这时应适当调小加热强度，使蒸气环包围汞球、汞球下部始终挂有液珠，保持汽液两相平衡。此时温度计所显示的温度即为该液体的沸点。然后可适当调节加热强度，控制蒸馏速度，以每秒馏出1～2滴为宜。

(4) 观测沸点、收集馏液　记下第一滴馏出液滴入接受器时的温度。如果所蒸馏的液体中含有低沸点的前馏分，则需在蒸馏温度趋于稳定后，更换接受器。记录所需要的馏分开始馏出和收集到最后一滴时的温度，这就是该馏分的沸程（也叫沸点范围）。纯液体的沸程一般在1～2℃之内。

(5) 停止蒸馏　当维持原来的加热温度，不再有馏液蒸出时，温度会突然下降，这时应停止蒸馏。即使杂质含量很少，也不要蒸干，以免烧瓶炸裂。

蒸馏结束时，应先停止加热，待稍冷后再停通冷却水。然后按照与装配时相反的顺序拆除蒸馏装置。

2.6.4 用蒸馏法提纯正丁醇（基本操作实验二）

2.6.4.1 目的要求

(1) 了解蒸馏的原理与意义。

(2) 初步掌握蒸馏装置的安装与操作。

2.6.4.2 实验用品

蒸馏烧瓶（50mL）、锥形瓶（50mL）3个、直形冷凝管、蒸馏头、接液管、温度计、石蜡油浴、加热热源、量筒、漏斗。

正丁醇（工业级）、沸石。

2.6.4.3 实验步骤

按照 2.6.2 节的要求，安装蒸馏装置，经检查合格后进行下述操作。

(1) 加料 用量筒量取正丁醇 30mL，通过长颈玻璃漏斗，由蒸馏头上口加入蒸馏烧瓶中，再加几粒沸石[1]，插入温度计。

(2) 通冷却水 检查各磨口结合部位配合的紧密性[2]及接通大气通道的畅通性[3]，开通冷却水，缓慢进水。

(3) 加热蒸馏 选择适当的加热源，开始用小火加热。注意观察蒸馏中的现象和温度计读数的变化。当瓶内液体开始沸腾后，可见蒸气前沿沿着瓶壁上升，待达到温度计水银球时，温度计读数急速上升。此时应适当减弱加热强度，以控制馏滴的流速为 1～2 滴/s。观察接受瓶内前馏分的馏液。

(4) 观察沸点、收集馏液 记下第一滴馏出液滴入接受器时的温度，并注意观察接受瓶内正在收集的前馏分，当温度在 117℃时，换一个已知质量的接受器(圆底烧瓶)，收集 117～119℃馏分的馏液。

(5) 停止蒸馏 当瓶内仅剩少量液体（约 0.5mL)，不再有馏液蒸出时，温度会突然下降，可停止加热，撤去热源，结束蒸馏。待稍冷后，停止通冷却水，取下接受器。按相反顺序拆卸装置，并进行仪器的清洗与干燥。

(6) 称量，计算收率。测定折射率。

【注释】

[1] 沸石为多孔物质，受热后，能产生细小的空气泡。在液体沸腾时，可作为汽化中心，使沸腾保持平稳，以免发生暴沸现象。沸石必须在加热前加入，若忘记加入，则必须停止加热，待液体稍冷后，才可补加。否则，向正在加热的液体中投入沸石，会因骤然增加汽化中心而引起暴沸。如果蒸馏因故中途停止，在重新加热前，必须补加新的沸石。先前的沸石，因在冷却时吸入了液体，已经失效。

[2] 蒸馏装置各器件连接的密闭性不好，在蒸馏时，容易漏气，不仅影响蒸馏产物的产率，还污染实验环境，若是易燃气体，还可能造成燃烧、爆炸等事故。所以装置的各磨口连接一定要严密。

[3] 蒸馏系统若与大气的通路不畅通，一旦加热蒸馏时，体系内部压力增加，就有冲破仪器，甚至爆炸的危险，一定要保持与大气的通道畅通。

2.6.4.4 安全提示

正丁醇：其毒性与乙醇相近，不要吸入其蒸气或触及皮肤。二级易燃品，避免与明火接触。

【思考题】

(1) 安装蒸馏装置时，应按怎样的顺序进行？

(2) 开始加热之前，为什么要先检查装置的气密性？蒸馏装置中若没有与大气相通处，可以吗？为什么？

(3) 由蒸馏头上口向圆底烧瓶中加入待蒸馏液体时，为什么要用长颈漏斗？直接倒入会有什么后果？

(4) 沸石在蒸馏时起什么作用？加沸石要注意哪些问题？

(5) 为什么要控制蒸馏的速度？快了有什么影响？

2.7 分馏

分馏又称精馏，是分离提纯液体有机化合物的一种方法，主要用于分离和提纯沸点很接近的有机液体混合物。在工业生产上，安装分馏塔（或精馏塔）实现分馏操作，而在实验室中，则使用分馏柱，进行分馏操作。

2.7.1 分馏的原理及意义

加热使液体混合物沸腾，其蒸气通过分馏柱，由于柱外空气的冷却，蒸气中的高沸点组分冷却为液体，回流入烧瓶中，故上升的蒸气含易挥发组分的相对量增加，而冷凝的液体含不易挥发组分的相对量也增加。当冷凝液回流过程中，与上升的蒸气相遇，两者进行热交换，上升蒸气中的高沸点组分又被冷凝，而易挥发组分继续上升。这样，在分馏柱内反复进行无数次的汽化、冷凝、回流的循环过程。当分馏柱的效率高、操作正确时，在分馏柱上部逸出的蒸气接近于纯的易挥发组分，而向下回流入烧瓶的液体，则接近难挥发的组分。再继续升高温度，可将难挥发的组分也蒸馏出来，从而达到分离的目的。

2.7.2 分馏装置

分馏装置由蒸馏部分、冷凝部分与接受部分组成。分馏装置的蒸馏部分由蒸馏烧瓶、分馏柱与分馏头组成，比蒸馏装置多一根分馏柱。

分馏柱有多种类型，能适用于不同的分离要求，但对于任何分馏系统，要得到满意的分馏效果，必须具备以下条件：①在分馏柱内蒸气与液体之间可以相互充分接触；②分馏柱内，自下而上，保持一定的温度梯度；③分馏柱要有一定的高度；④混合液内各组分的沸点有一定的差距。

为此，在分馏柱内，装入具有大表面积的填充物，填充物之间要保留一定的空隙，可以增加回流液体和上升蒸气的接触面。分馏柱的底部往往放一些玻璃丝，以防止填充物坠入蒸馏瓶中。分馏柱效率的高低与柱的高度、绝热性能和填充物的类型等均有关系。

实验室中常用的有填充式分馏柱和刺形分馏柱（见图 2-12）。填充式分馏柱内装有玻璃球、玻璃管或陶瓷等，可增加表面积，分馏效果好，适用于分离沸点差很小的液体混合物。刺形分馏柱（又称韦氏分馏柱）结构简单、黏附液体少，但分馏效果较填充式差些，适用于分离量较少且沸点差较大的液体混合物。

分馏装置的安装方法、安装顺序与蒸馏装置的相同。必要时，可将分馏柱用石棉绳、玻璃布或其他保温材料进行包扎，外面可用铝箔覆盖以减少柱内热量的散发，削弱风与室温的影响，保持柱内适宜的温度梯度，提高分馏效率。要准备4个干燥、清洁、已知质量的接受瓶，分别编号为1#、2#、3#、4#，以收集不同温度馏分的馏液。

2.7.3 分馏操作

按图2-12安装分馏装置，检查合格后进行下述分馏操作。

(1) 加料　将计量的待分馏混合液加入圆底烧瓶中，并加入沸石数粒。装上分馏柱、蒸馏头、温度计，再依次连接冷凝管、接液管、接受瓶（1#）。

(2) 通冷却水　检查各磨口结合部分配合的紧密性，保持大气通路的畅通性后，开通冷却水，缓慢进水。

(3) 加热分馏　采用适宜的热浴加热，烧瓶内的液体沸腾后，注意调节浴温，使蒸气慢慢升至柱顶。在开始有馏出液滴时，记下时间与温度，调节浴温，使馏出液的馏出速度为每秒2～3滴为宜。继续保持蒸馏速度，直至低沸点馏分全部蒸出为止（在所需收集液体样品的沸点值以下的馏分均为低沸点馏分）。换上2#接受瓶。

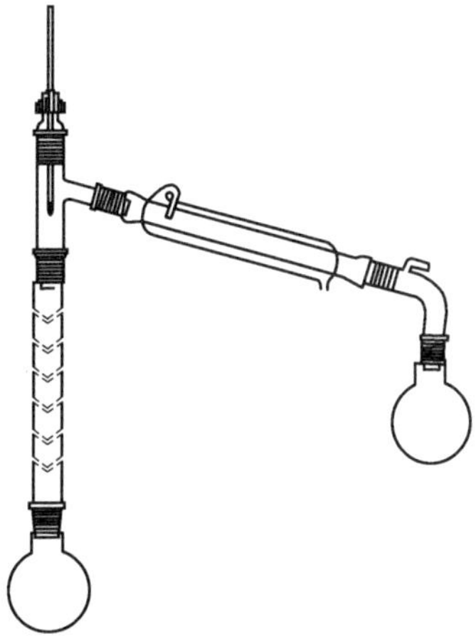

图2-12　分馏装置

低沸点馏分蒸完后，蒸馏温度可能会有所回落，而后再升高。此时应当有大量馏液蒸出，温度稳定。这一馏分是中间馏分，也是所要截取的主要馏分之一。

当蒸馏温度再次出现下降趋势，馏液量明显减少，甚至无馏液滴出时，应迅速更换上已知质量的3#接受瓶，并提高加热强度，保持温度上升，使液体继续馏出，这时接受的是一段混合物的馏液。待蒸馏温度不再继续上升，基本趋于稳定时，迅速换上已知质量的4#接受瓶，并维持原来的加热强度，直至大部分馏液蒸出为止。这一段接受的是混合物中的另一主要馏分。

(4) 停止蒸馏　当温度再次下降，或瓶内仅剩少量残液时，可结束分馏。先停止加热，撤去热源，再关闭进水阀。稍冷后，可取下接受瓶，然后按相反顺序，拆卸并清洗仪器，烘干。

(5) 称量　对各接受瓶称量，计算收率，并测折射率。注意对前馏分与残液也应计量报道。

【想一想】

分离液体混合物，在什么情况下可采用普通蒸馏，什么情况下需用简单分馏？哪种方法分离效果更好些？

2.7.4 用分馏法分离乙酸乙酯与乙酸异戊酯（基本操作实验三）

2.7.4.1 目的要求

（1）了解分馏的原理与意义。

（2）初步掌握分馏装置的安装与操作。

（3）熟悉用分馏法分离液体混合物的操作技术。

2.7.4.2 实验原理

乙酸乙酯是无色易燃液体，具有果香味，b. p. 77℃。乙酸异戊酯是无色液体，有香蕉味，b. p. 142℃。由于两者沸点相差 65℃，可以通过分馏操作，首先蒸馏出乙酸乙酯后，再蒸馏出乙酸异戊酯，从而将两者分离、提纯。

2.7.4.3 实验用品

蒸馏烧瓶（50mL）、锥形瓶（50mL）4 个（1#，2#，3#，4#）、分馏柱、接液管、温度计、冷凝管、铝箔、石棉绳。

乙酸乙酯与乙酸异戊酯的混合液（$V_1 : V_2 = 1 : 1$）25mL、沸石、浴液（硅油）。

2.7.4.4 实验步骤

按图 2-12 安装分馏装置。分馏柱内可装填玻璃环。分馏柱外用石棉绳缠绕，最外面可用铝箔覆盖[1]。经检查装置合格后进行以下操作。

（1）加料　用量筒量取乙酸乙酯与乙酸异戊酯组成的混合液 25mL，加入蒸馏瓶内。安装分馏柱、蒸馏头、温度计，依次连接冷凝管、接液管、接受瓶（1#）。

（2）通冷却水　仔细检查各连接处的气密性后，开通水龙头，缓缓通入冷却水。

（3）加热　采用油浴（或电热套）缓慢加热，并注意观察温度变化[2]。记录蒸出第一滴液滴的温度。适当调整加热强度，以保持馏出速度为每秒 1 滴。此时收集的为前馏分。

（4）换上 2# 接受瓶　当温度升至 77℃并趋于稳定后，迅速换上已知质量的 2# 接受瓶，继续保持原有的加热强度和馏出速度。此时接受的是乙酸乙酯馏分。

（5）换上 3# 接受瓶　当发现温度有下降的趋势时，迅速取下 2# 接受瓶，换上 3# 接受瓶。适当增大加热强度，并提高升温速率，继续蒸馏。此时收集的是混合液馏分。

（6）换上 4# 接受瓶　当温度上升至 142℃并趋于稳定时，迅速取下 3# 接受瓶，换上 4# 接受瓶。维持加热强度，直至大部分馏出液蒸出[3]。此时接受的是乙酸异戊酯馏分。

（7）停止加热　瓶内已仅存少量液体时，应果断停止加热，撤热源。待稍冷后关闭进水阀门，取下接受瓶。按相反顺序拆除分馏装置。

（8）称量 将盛有乙酸乙酯和乙酸异戊酯的2#、4#接受瓶进行称量，计算收率，并分别测定折射率。1#瓶中的前馏分，3#瓶中的混合馏分及蒸馏瓶内的残液分别计量后写入报告。

【注释】

[1] 由于分馏柱有一定的高度，只靠烧瓶外面的加热提供的热量，不进行绝热保温操作，分馏操作是难以完成的。实验者也可选择其他适宜的保温材料进行保温操作，达到分馏柱的保温目的。

[2] 分馏柱中的蒸气（或称蒸气环）在未上升到温度计水银球处时，温度上升得很慢（此时也不可加热过猛），一旦蒸气环升到温度计水银球处时，温度迅速上升。

[3] 当大部分液体被蒸出，分馏将要结束时，由于乙酸乙酯蒸气量上升不足，温度计水银球不能时时被乙酸乙酯所包围，因此温度出现上下波动或下降，标志分馏已近终点，可以停止加热。

2.7.4.5 安全提示

乙酸乙酯：易燃。对眼、皮肤、黏膜有刺激性，有中等毒性。使用时避免与明火直接接触，不要吸入，避免与皮肤直接接触。

乙酸异戊酯：有中等程度毒性。易燃。使用时避明火。不要吸入，不与皮肤接触。

【思考题】

（1）应按怎样的顺序安装分馏装置？

（2）分馏操作可以用与蒸馏时同样的方法从蒸馏头上口倒入物料吗？为什么？

2.8 水蒸气蒸馏

将水蒸气通入有机物中，或将水与有机物一起加热，使有机物与水共沸而蒸馏出来的操作叫做水蒸气蒸馏。

2.8.1 水蒸气蒸馏的原理及应用范围

两种互不相溶的液体混合物的蒸气压，等于两种液体单独存在时的蒸气压之和。当混合物的蒸气压等于大气压力时，就开始沸腾。显然，这一沸腾温度要比两种液体单独存在时的沸腾温度低。因此，在不溶于水的有机物中，通入水蒸气，进行水蒸气蒸馏，可在低于100℃的温度下，将物质蒸馏出来。

水蒸气蒸馏是分离和提纯有机化合物的重要方法之一。常用于下列情况。

① 在常压下蒸馏，有机物会发生氧化或分解。

② 混合物中含有焦油状物质，用通常的蒸馏或萃取等方法难以分离。

③ 液体产物被混合物中较大量的固体所吸附或要求除去挥发性杂质。

利用水蒸气蒸馏进行分离提纯的有机化合物必须是不溶于水、也不与水发生化学反应，在100℃左右具有一定蒸气压的物质。

2.8.2 水蒸气蒸馏装置

水蒸气蒸馏装置如图 2-13 所示。其中（a）、（b）为两种水蒸气发生器。

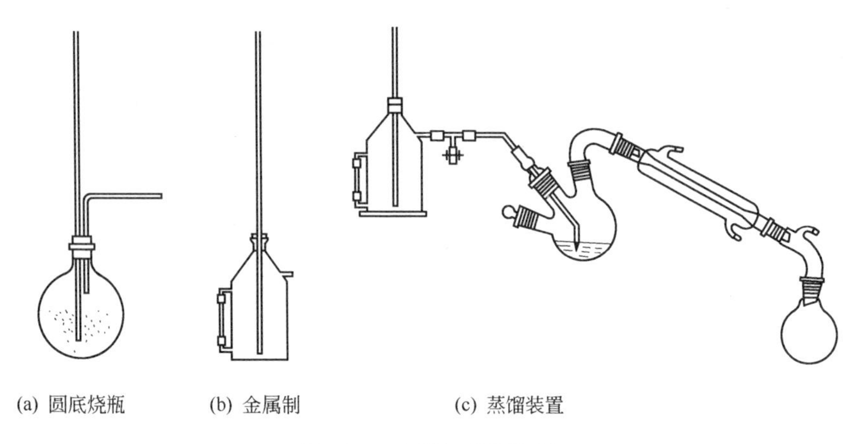

(a) 圆底烧瓶　(b) 金属制　(c) 蒸馏装置

图 2-13 水蒸气蒸馏装置

水蒸气发生器一般为金属制品，也可用 1000mL 圆底烧瓶代替（见图 2-13）。盛水量以不超过其容积的 2/3 为宜。其中插入一支接近底部的长玻璃管，作安全管用。当容器内压力增大时，水就沿安全管上升，从而调节内压。

水蒸气发生器的蒸气导出管经 T 形管与伸入三口烧瓶内的蒸汽导入管连接。T 形管的支管套有一短橡胶管并配有螺旋夹。它的作用是可随时排出在此冷凝下来的积水，并可在系统内压力骤增或蒸馏结束时，释放蒸发，调节内压。

三口烧瓶内盛放待蒸馏的物料。伸入其中的蒸汽导入管应尽量接近瓶底。三口烧瓶的一侧口通过蒸馏弯头依次连接冷凝管、接液管和接受器。另一侧口用塞子塞上。混合蒸气通过蒸馏弯头进入冷凝器中被冷凝，并经由接液管流入接受器中。

2.8.3 水蒸气蒸馏操作

（1）加料　将待蒸馏的物料加入三口烧瓶中，液体量不得超过其容积的1/3。

（2）加热　检查整套装置气密性后，开通冷却水，打开 T 形管的螺旋夹，再开始加热水蒸气发生器，直至沸腾。

（3）蒸馏　当 T 形管处有较大量气体冲出时，立即旋紧螺旋夹，蒸汽便进入烧瓶中。这时可看到瓶中的混合物不断翻腾，表明水蒸气蒸馏开始进行。适当调节蒸汽量，控制馏出速度为每秒 2～3 滴。

蒸馏过程中，若发现蒸汽过多地在烧瓶内冷凝，可在烧瓶下面用石棉网适当加热。还应随时观察安全管内水位是否正常，烧瓶内液体有无倒吸现象。一旦发生这类情况，应立即打开螺旋夹，停止加热，查找原因。排除故障后，才能继续蒸馏。

（4）停止蒸馏　当馏出液无油珠并澄清透明时，便可停止蒸馏。应先打开螺旋夹，解除系统内压力后，再停止加热，稍冷却后，再停通冷却水。

2.8.4 用水蒸气蒸馏法提取茴油（基本操作实验四）

2.8.4.1 目的要求

（1）了解水蒸气蒸馏的原理和意义。

（2）初步掌握水蒸气蒸馏装置的安装与操作。

（3）学会从八角茴香中分离茴油的方法。

2.8.4.2 实验原理

八角茴香，俗称大料，常用作调味剂。八角茴香中含有一种精油，叫做茴油，其主要成分为茴香脑，为无色或淡黄色液体，不溶于水，易溶于乙醇和乙醚。工业上用作食品、饮料、烟草等的增香剂，也用于医药方面。由于其具有挥发性，可通过水蒸气蒸馏从八角茴香中分离出来。

2.8.4.3 实验用品

水蒸气发生器、三口烧瓶（250mL）、锥形瓶（250mL）、直形冷凝管、蒸馏弯头、接液管、长玻璃管（50cm）、T 形管、螺旋夹。

八角茴香。

2.8.4.4 实验步骤

（1）安装仪器　安装水蒸气蒸馏装置，用锥形瓶作接受器。水蒸气发生器中装入约占其容积 2/3 的水。

（2）加料　称取 5g 八角茴香，捣碎后放入 250mL 三口烧瓶中，加入 15mL 水。连接好仪器。

（3）加热蒸馏　检查装置气密性后，接通冷却水，打开 T 形管上的螺旋夹，开始加热。

当 T 形管处有大量蒸汽逸出时，立即旋紧螺旋夹，使蒸汽进入烧瓶，开始蒸馏[1]，调节蒸汽量，使馏出速度控制在每秒 2～3 滴。

（4）停止蒸馏　当馏出液体积达 150mL 时[2]，打开螺旋夹，停止加热，稍冷后，停通冷却水，拆除装置。记录馏出液体积，并倒入指定容器中[3]。

【注释】

[1] 可事先用小火将烧瓶内的混合物预热，以防蒸汽在烧瓶中过多冷凝聚积。

[2] 八角茴香的水蒸气蒸馏若达到馏出液澄清透明需要的时间较长，所以本实验只要求接受 150mL 馏出液。

[3] 也可用 10mL 乙醚分两次萃取馏出液，将萃取液交教师统一蒸馏出溶剂，即可得精油产品。

2.8.4.5 安全提示

实验中应随时观察安全管内水位上升情况，如发现水位上升时，应立即打开螺旋夹，排除蒸汽通路中的堵塞问题。

【思考题】

(1) 水蒸气蒸馏装置主要由哪些仪器部件组成？安全管和 T 形管在水蒸气蒸馏中各起什么作用？

(2) 进行水蒸气蒸馏前，为什么要先打开 T 形管？

(3) 水蒸气蒸馏适用于哪些混合物的分离？

2.9 减压蒸馏

2.9.1 减压蒸馏的原理及适用范围

液体物质的沸点是随外界压力的降低而降低的。利用这一性质，降低系统压力，可使液体在低于正常沸点的温度下被蒸馏出来。这种在较低压力下进行的蒸馏称为减压蒸馏（或真空蒸馏）。

一般的有机化合物，当外界压力降至 2.7kPa 时，其沸点可比常压下降低 100～120℃。因此，减压蒸馏特别适用于分离和提纯那些沸点较高、稳定性较差，在常压下蒸馏容易发生氧化、分解或聚合的有机化合物。

2.9.2 减压蒸馏装置

有机化学实验室中的减压蒸馏装置由减压系统、蒸发、冷凝与接受四部分组成（见图 2-14）。与普通蒸馏装置相比，增加了减压系统这一部分。

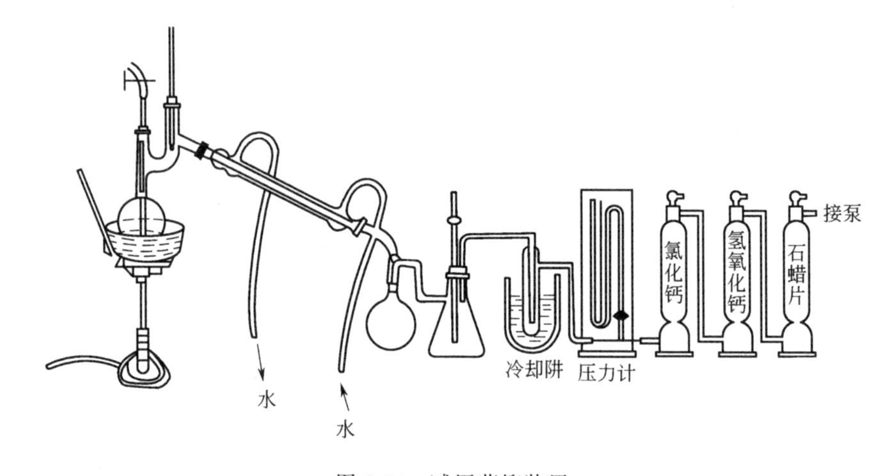

图 2-14 减压蒸馏装置

(1) 减压系统 减压系统由减压泵、保护与测压体系组成。

① 减压泵。实验室中经常用的减压泵有水泵、微型循环水真空泵和真空泵。

水泵有玻璃质和金属质两种。玻璃质要用厚壁橡皮管连接在尖嘴水龙头上，金属质水泵可通过螺纹连接在水龙头上。在水压比较高时，水泵所能达到的最高真空度，即为室温的水蒸气压，例如在 25℃ 时为 3.167kPa，10℃ 时为 1.228kPa。

有时实验室供水的压力不足，使用水泵的效果不佳，可改用微型循环水真空泵。使用时只需将微型循环水真空泵的底部浸在一盆水中，启动电机（220V 电压），可使真空度达 4kPa 左右。

真空泵可以使真空度达 0.13kPa 以下，是减压蒸馏的常用设备。真空泵的性能取决于其机械结构与真空泵油的质量。真空泵的机械结构较为精密，使用条件严格。在使用时，挥发性有机溶剂、水、酸雾均能损害真空泵，使其性能下降。挥发性有机溶剂一旦被吸入真空泵油后，会增加油的蒸气压，不利于提高真空度。酸性蒸气会腐蚀油泵机件，水蒸气凝结后与油形成乳浊液。因此在使用真空泵时，要建立起真空泵的保护系统，防止有机溶剂、水、酸雾入侵真空泵[1]。

② 保护与测压体系。若用水泵或循环水真空泵抽真空，不必设置保护体系。真空泵的保护系统由安全瓶（用吸滤瓶装配）、冷却阱、两个以上吸收塔组成。安全瓶上配有二通活塞，一端通大气，具有调节系统压力及放入大气以恢复瓶内大气压力的功能。冷却阱具有冷却进入真空泵中的气体的作用，在使用时，它置于盛放在冷却剂（干冰、冰盐或冰水）的广口保温瓶内[2]。可以依次连接三个吸收塔，分别盛装无水氯化钙、氢氧化钙（或氢氧化钠）和石蜡片[3]。

实验室测量系统中压力的仪器常用水银压力计（见图 2-15），一般有开口式和 U 形压力计两种[4]。开口式水银压力计，两臂汞柱高度之差即为大气压力与系统内压力之差，而蒸馏系统内的实际压力是大气压减去汞柱差值。开口式压力计测试的数值比较准确。另一种常用的是 U 形水银压力计，中间有上下可滑动的刻度标尺，读数时，把刻度标尺的 0 点对准 U 形压力计右臂汞柱的顶端，可直接从刻度标尺上读出系统内的实际压力。在使用 U 形压力计旋转活塞时，动作要缓慢，慢慢地旋开活塞，使空气逐渐进入系统，使压力计右臂汞柱徐徐升顶。否则，由于空气猛然大量涌入系统，汞柱迅速上升，会撞破 U 形玻璃管。压力计旋塞只在需要观察压力值时才打开，体系压力稳定或不需要时，可以关闭压力计。在结束减压蒸馏时，应先缓缓打开旋塞，通过安全瓶慢慢接通大气，使汞柱恢复到顶部位置。

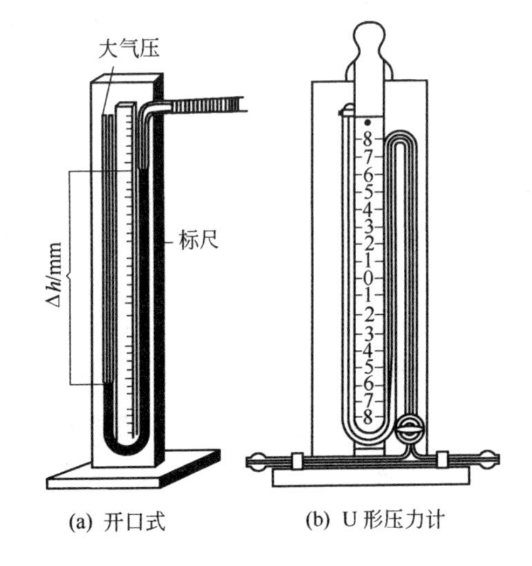

图 2-15 水银压力计

（2）蒸馏系统　蒸馏系统的仪器安装见图 2-14。在蒸馏烧瓶上装配分馏头，分馏头的直管口插入一根末端拉成毛细管的厚壁玻璃管，毛细管下端离瓶底约 1～2mm，该玻璃管的上端套一根有螺旋夹的橡皮管。通过旋转螺旋夹调节减压蒸馏时通过毛细管进入蒸馏系统的空气量，以控制系统的真空度大小，并形成烧瓶中的沸腾中心。分馏头的侧管（带支管者）内插一支温度计，使水银球的上沿与分馏头支管的下沿相对齐。支管依次连接直形冷凝管、多头接引管、接受瓶，并将多头接引管的支管与真空系统的安全瓶相连接。

实验者在进行减压蒸馏操作时，需要动手装配的是蒸馏、冷凝与接受的装置，以及与真空系统相连接，而减压装置在实验前已安装与调试完毕，在实验中不再轻易拆装，除非减压系统突然出现故障，急需排除。

在减压蒸馏装置中，连接各部件的橡皮管都要用耐压的厚壁橡皮管。所用的玻璃器皿，其外表均应无伤痕或裂缝，其厚度与质量均应符合产品出厂规格的要求。实验操作人员要戴防护眼镜，以防不测。

2.9.3 减压蒸馏步骤

（1）减压蒸馏装置密闭性检查与真空度调试[5]　旋紧毛细玻璃管上的螺旋夹，旋开安全瓶上的二通活塞使之连通大气，开动真空泵，并逐渐关闭二通活塞，如能达到所要求的真空度，并且维持不变，说明减压蒸馏系统没有漏气处，密闭性符合要求。若达不到所需的真空度（不是由于水泵或真空泵本身性能或效率所限制），或者系统压力不稳定，则说明有漏气的地方，应当对可能产生漏气的部位逐个进行检查，包括磨口连接处、塞子或橡皮管的连接是否紧密。必要时，可将减压蒸馏系统连通大气后，重新用石蜡密封，再次检查真空度。若系统内的真空度高于所要求的真空度时，可以旋动安全瓶上的二通活塞，慢慢放进少量空气，以调节至所要求的真空度。待确认无漏气后，慢慢旋开二通活塞，放入空气，解除真空度。

（2）加料　在蒸馏烧瓶中，加入待蒸馏液体，其体积应占烧瓶容积的 1/3～1/2。关闭安全瓶上活塞，开动真空泵，通过螺旋夹调节进气量，使能在烧瓶内冒出一连串小气泡，装置内的压力符合所要求的稳定的真空度。

（3）开通冷却水，加热蒸馏　使热浴的温度升至比烧瓶内的液体的沸点高 20℃，以保持馏出速度为每秒 1～2 滴。应记录馏出第一滴液滴的温度、压力和时间。若开始馏出物的沸点比预料收集的要低，可以在达到所需温度时转动接引管的位置，使另一个接受器收集所需要的馏分。蒸馏过程中，应密切关注压力与温度的变化。

（4）结束蒸馏　蒸馏完毕，或者在蒸馏过程中需要中断操作时，应先撤去热源，缓缓旋开毛细管上的螺旋夹，再缓缓地旋开安全瓶上的二通活塞，慢慢放入空气，使 U 形压力计水银柱逐渐上升至柱顶，待装置内外压力平衡后，方可最后关闭真空泵及压力计的活塞。

【注释】

［1］真空泵是减压蒸馏操作中的核心设备之一。虽然在装置中设有保护体系，以延长其正常的运转时间。仍应定期更换真空泵油，清洗机械装置，尤其是在其真空度有明显的下降时，更应及时维修，不可带病操作，否则机械损坏更为严重。

［2］冷却阱有利于除去低沸点物质。在每次实验后，应及时除去并清洗，以免混杂在装置中。

［3］干燥塔的有效工作时间是有限的，应适时定期更换装填物。装填物吸附饱和后，不再起到保护真空泵的作用，还会阻塞气体通道，使真空度下降。如长期不更换，则会胀裂玻璃质塔身（如装氯化钙塔），或者使玻璃瓶塞与塔身黏合，不能启开而报废（如装碱性填充物塔），所以要经常观察干燥塔内装填物的形态，是否有潮湿状等，及时更换装填物，以保证真空泵有良好的工作性能。

［4］水银压力计平时要保养好，使之随时处于备用的状态。U 形压力计的水银灌装，要细心排除顶部的气泡，在将压力计与干燥塔或冷却阱连接时，要当心勿折断压力计的玻璃管，施力要适度，过细的橡皮管不适宜作为连接用。

［5］涉及减压系统的操作，应在教师指导下进行，以免发生事故。初学者未经教师同意，不要擅自单独操作。

2.10　回流

有机化合物的制备，往往需要在溶剂中进行较长时间的加热。为防止在加热时反应物、产物或溶剂的蒸发逸散，避免易燃、易爆或有毒物质造成事故与污染，并确保产物收率，可在反应容器上竖直安装一支冷凝管。反应过程中产生的蒸气经过冷凝管时被冷凝，又流回到反应容器中。像这样连续不断地沸腾汽化与冷凝流回的过程叫做回流。

2.10.1　回流装置

回流装置主要由反应容器和冷凝管组成。反应容器可根据反应的具体需要，选用适当规格的锥形瓶、圆底烧瓶、三口烧瓶等。冷凝管的选择要依据反应混合物沸点的高低。一般多采用球形冷凝管，其冷却面积较大，冷凝效果较好。当被加热的液体沸点高于 140℃时，其蒸气温度较高，容易使水冷凝管的内外管连接处因温差过大而发生炸裂，此时应改用空气冷凝管。若被加热的液体沸点很低或其中有毒性较大的物质时，则可选用蛇形冷凝管，以提高冷却效率。

实验时，还可根据反应的不同需要，在反应容器上装配其他仪器，构成不同类型的回流装置。

(1) 普通回流装置　普通回流装置如图 2-16 所示。由圆底烧瓶和冷凝管组成。

普通回流装置适用于一般的回流操作，如环己烯、β-萘乙醚、肥皂、阿司匹林的制备实验。

（2）带有干燥管的回流装置　带有干燥管的回流装置如图 2-17 所示。与普通回流装置不同的是，在回流冷凝管上端装配有干燥管，以防止空气中的水汽进入反应体系。

为防止体系被封闭，干燥管内不要填装粉末状干燥剂。可在管底塞上脱脂棉或玻璃棉，然后填装颗粒状或块状干燥剂，如无水氯化钙等。干燥剂和脱脂棉或玻璃棉都不能装（或塞）得太实，以免堵塞通道，使整个装置成为封闭体系而造成事故。

带有干燥管的回流装置适用于水汽的存在会影响反应正常进行的回流操作，如利用格氏试剂制备三苯甲醇的实验。装置见图 2-17。

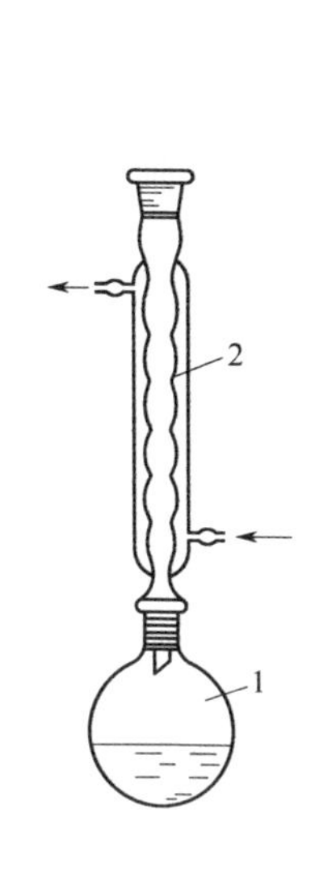

图 2-16　普通回流装置

1—圆底烧瓶；2—冷凝管

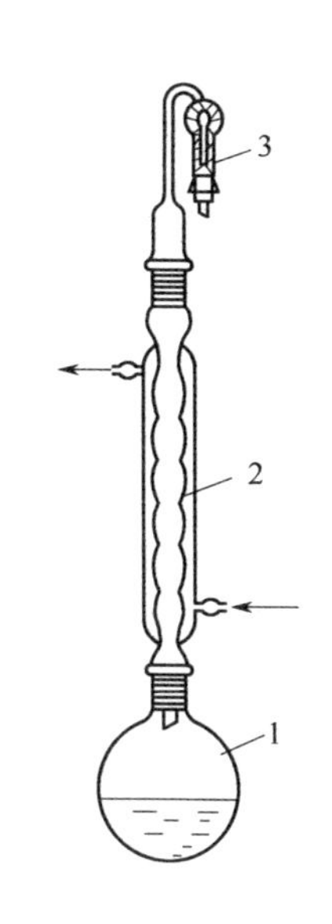

图 2-17　带有干燥管的回流装置

1—圆底烧瓶；2—冷凝管；3—干燥管

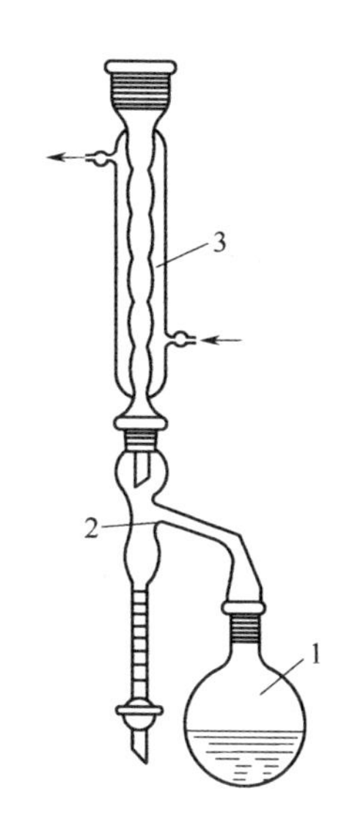

图 2-18　带有分水器的回流装置

1—圆底烧瓶；2—分水器；3—冷凝管

（3）带有分水器的回流装置　带有分水器的回流装置是在反应容器和冷凝管之间安装一个分水器，如图 2-18 所示。

带有分水器的回流装置常用于可逆反应体系，如乙酸异戊酯、乙酰苯胺的制备实验。当反应开始后，反应物和产物的蒸气与水蒸气一起上升，经过冷凝管时被冷凝流回到分水器中，静置后分层，反应物和产物由侧管流回反应容器，而水则从反应体系中被分出。由于反应过程中不断除去了生成物之一——水，因此使平衡向增加反应产物方向移动。

使用带有分水器的回流装置制备物质时，可在出水量达到理论值后停止回流。

（4）带有气体吸收的回流装置　带有气体吸收的回流装置如图 2-19(a) 所示。与普通回流装置不同的是，多了一个气体吸收装置，见图 2-19 的（b）、(c)。将一根导气管通过胶塞与回流冷凝管的上口相连接，由导管导出的气体通过接近水面的漏斗口（或导管口）进入水中。

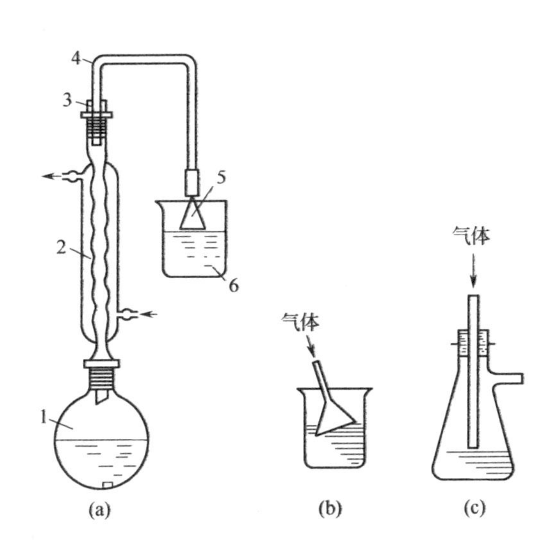

图 2-19　带有气体吸收的回流装置

1—圆底烧瓶；2—冷凝管；3—单孔塞；4—导气管；5—漏斗；6—烧杯

使用此装置要注意：漏斗口（或导管口）不得完全浸入水中；在停止加热（包括反应过程中因故暂停加热）前，必须将盛有吸收液的容器移去，以防倒吸。

此装置适用于反应时有难于冷凝的水溶性气体，特别是有害气体（如氯化氢、溴化氢、二氧化硫等）产生的实验，如 1-溴丁烷、苯乙酮的制备实验。为提高吸收效果，可根据气体的性质采用适宜的水溶液作吸收液，如酸性气体用稀碱水溶液吸收，效果会更好些。

（5）带有搅拌器、测温仪和滴液漏斗的回流装置　这种回流装置是在反应容器上同时安装搅拌器、测温仪及滴液漏斗等仪器，如图 2-20 所示。

搅拌能使反应物之间充分接触，使反应物各部分受热均匀，并使反应放出的热量及时散开，从而使反应顺利进行。使用搅拌装置，既可缩短反应时间，又能提高反应效率。常用的搅拌装置是电动搅拌器。电动搅拌器由带支柱的底座、微型电动机和调速器三部分组成（见图 2-21）。电动机主轴配有搅拌轧头，通过它将搅拌棒扎牢。

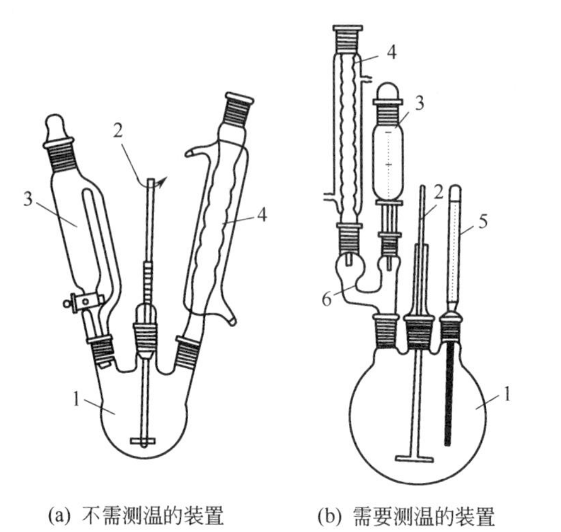

图 2-20 带有搅拌器、测温仪和滴液漏斗的回流装置

1—三口烧瓶；2—搅拌器；3—滴液漏斗；4—冷凝管；5—温度计；6—双口接管

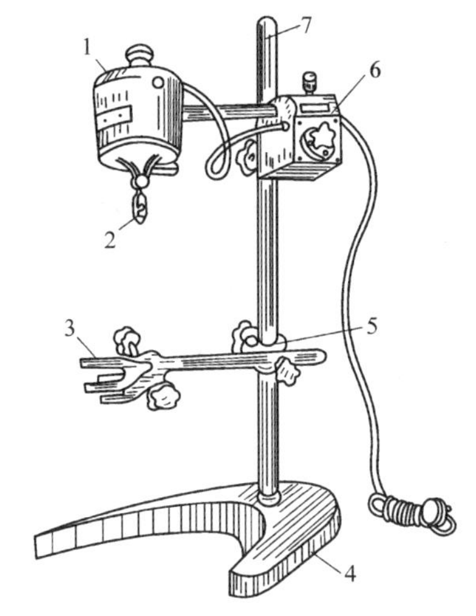

图 2-21 电动搅拌器

1—微型电机；2—搅拌器轧头；3—固定夹；4—底座；5—十字夹；6—调速器；7—支柱

用于回流装置中的电动搅拌器一般具有密封装置。实验室用的密封装置有三种，简易密封装置、液封装置和聚四氟乙烯密封装置。

一般实验可采用简易密封装置［见图 2-22(a)］。其制作方法是（以三口烧瓶作反应器为例）在三口烧瓶的中口配上塞子，塞子中央钻一光滑、垂直的孔洞，插入一段长 6～7cm、内径比搅拌棒稍大些的玻璃管，使搅拌棒能在玻璃管内自由地转动。取一段长约 2cm、弹性较好、内径能与搅拌棒紧密接触的橡胶管，套于玻璃管上端，然后自玻璃管下端插入已制好的搅拌棒。这样，固定在玻璃管上端的橡胶管因与搅拌棒紧密接触而起到了密封作用。在搅拌棒与橡胶管之间涂抹几滴甘油或凡士林，可起到润滑和加强密封的作用。

液封装置如图 2-22(b) 所示。其主要部件是一个特制的玻璃封管，可用石蜡油作填充液（油封闭器），也可用水银作填充液（汞封闭器）进行密封。

聚四氟乙烯密封装置如图 2-22(c) 所示。主要由置于聚四氟乙烯瓶塞和螺旋压盖之间的硅橡胶密封圈起密封作用。

密封装置装配好后，将搅拌棒的上端用橡胶管与固定在电动机转轴上的一短玻璃棒连接，下端距离三口烧瓶底约 0.5cm。在搅拌过程中要避免搅拌棒与塞中的玻璃管或烧瓶底相碰撞。

三口烧瓶的中间颈要用铁夹夹紧固定在搅拌器的支柱上。进一步调整搅拌器或三口烧瓶的位置，使装置正直。先用手转动搅拌棒，应无内外玻璃互相碰撞

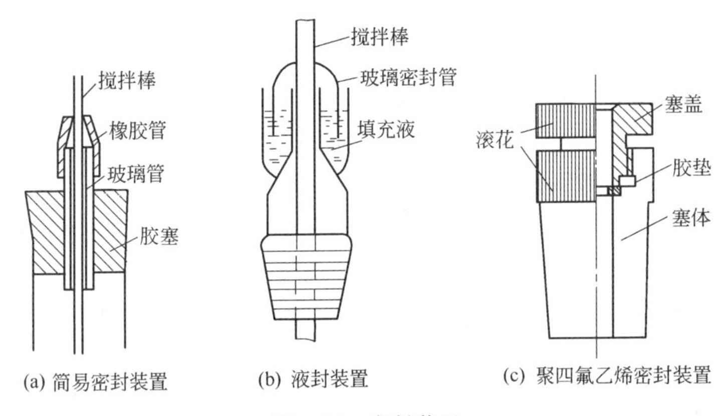

图 2-22　密封装置

声。然后低速开动搅拌器，试验运转情况。当搅拌棒和玻璃管、瓶底间没有摩擦的声音时，方可认为仪器装配合格，否则需要重新调整。最后再装配三口烧瓶另外两个颈口中的仪器。先在一个侧口中装配一个双口接管，双口接管上安装冷凝管和滴液漏斗。冷凝管和滴液漏斗也需用铁夹固定在搅拌器的支柱上。三口烧瓶的另一侧口装配温度计。再次开动搅拌器，如果运转正常，才能投入物料进行实验。

向反应器内滴加物料，常采用滴液漏斗或恒压漏斗。滴液漏斗的特点是当漏斗颈伸入液面下时，仍能从伸出活塞的小口处观察滴加物料的速度。恒压漏斗除具有上述特点外，当反应器内压力大于外界大气压时，仍能向反应器中顺利地滴加物料。

带有搅拌器、测温仪和滴液漏斗的回流装置适用于在非均相溶液中进行、需要严格控制反应温度及逐渐加入某一反应物，或产物为固体的实验，如双酚 A、苯乙酮、己二酸、2,4-二氯苯氧乙酸的制备实验。

2.10.2　回流操作要点

（1）选择反应容器和热源　根据反应物料量的不同，选择不同规格的反应容器。一般以所盛物料量占反应器容积的 1/2 左右为宜。若反应中有大量气体或泡沫产生，则应选用容积稍大些的反应器。

实验室中，加热方式较多，如水浴、油浴、灯焰和电热套等。可根据反应物料的性质和反应条件的要求，适当地选用。

（2）装配仪器　以热源的高度为基准，首先固定反应容器，然后按照由下到上的顺序装配其他仪器。所有仪器应尽可能固定在同一铁架台上。各仪器的连接部位要严密。冷凝管的上口必须与大气相通，其下端的进水口通过胶管与水源相连，上端的出水口接下水道。整套装置要求正确、整齐和稳妥。

（3）加入物料　原料物及溶剂等可事先加入反应器中，再安装冷凝管等其他仪器；也可在装配完毕后由冷凝管上口用玻璃漏斗加入液体物料。沸石应事先加入。

(4) 加热回流　检查装置各连接处的严密性后，先通冷却水，再开始加热。最初宜缓慢升温，然后逐渐升高温度使反应液沸腾或达到要求的反应温度。反应时间以第一滴回流液落入反应器中开始计算。

(5) 控制回流速度　调节加热温度及冷却水流量，控制回流速度，使液体蒸汽浸润面不超过冷凝管有效冷却长度的 1/3 为宜。中途不可断冷却水。

(6) 停止回流　应先停止加热，待冷凝管中没有蒸气后再停冷凝水。稍冷后，按安装相反顺序拆除装置。

2.10.3　用于制备反应的分馏装置

当制备某些化学稳定性较差、长时间受热容易发生分解、氧化或聚合的有机化合物时，可采取逐渐加入某一反应物的方式，以使反应能够和缓进行；同时通过分馏柱将产物不断地从反应体系中分离出来。例如乙酸乙酯制备装置，如图 2-23 所示。

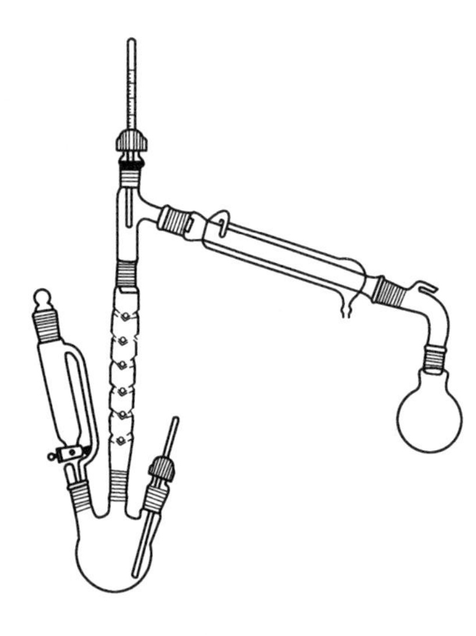

图 2-23　用于制备反应的分馏装置

在三口烧瓶的中口安装分馏柱，分馏柱上依次连接蒸馏头、温度计、冷凝管、接液管和接受器。其操作方法及要求与简单分馏完全相同。三口烧瓶的一个侧口安装温度计，其汞球应浸入反应液面下。另一侧口安装滴液漏斗，滴液漏斗中盛放某一反应物。为使反应物料在内压较大时仍能顺利滴加到反应器中，通常采用恒压滴液漏斗或在普通滴液漏斗上通过胶塞安装平衡管代替恒压漏斗使用。

三口烧瓶、滴液漏斗和分馏柱应分别用铁夹固定在同一铁架台上。

滴加物料的速度可根据反应的需要进行调节，馏出液的速度可较一般分离稍快些，每秒 1～2 滴即可。

2.11　熔点的测定

2.11.1　熔点及其测定的意义

一种物质的固态与它的熔化态平衡时的温度即是该物质的熔点。纯物质具有确定的熔点，在测定时熔点范围约在 0.5℃以内。熔点范围是指用毛细管法测定的从该物质开始熔化至全部熔化的温度范围，也称作熔程。

熔点的测定可用以鉴别有机化合物，还可以作为该物质的纯度标志。有些纯有机化合物还作为温度计校正时的标准物。

少量杂质混入有机化合物，会使该物质的熔点下降，有时下降的区间较大，熔程加大。这一现象，可用来验证两个熔点相同的样品是否为同一化合物。各取等量样品，混合研细后，测定它们的熔点，若不变，则为同一化合物。若熔点下降，则是不同的化合物，但也有极少数例外：萘的苦味酸配合物熔点为 151℃，苯并噻吩苦味酸配合物熔点为 149℃，它们的混合物熔点是 149℃。D-酒石酸二甲酯熔点 48℃，L-酒石酸二甲酯熔点为 43.3℃，混合物（1∶1）熔点为 89.4℃，反而升高。

有机化合物的熔点范围是用开始熔化至全部熔化时的温度范围表示，故不能取平均值。如果测定两次，则应将两次结果分别列出，同样也不能取平均值。

2.11.2　测定装置

中华人民共和国国家标准 GB 617—2006《化学试剂　熔点范围测定通用方法》规定了用毛细管法测定有机试剂熔点的通用方法，适用于结晶或粉末熔点的测定。

毛细管法测定熔点具有省时、省料、精确等优点。毛细管也叫熔点管，目前在各玻璃仪器商店均有两端封口的毛细管供应，玻璃毛细管的规格为：厚质中性玻璃，内径 0.9～1.1mm，壁厚 0.10～0.15mm，长 120mm。使用时，只要从中间截断就成为 2 根熔点管。实验前，应当手持毛细管，逐根对着亮光，察看其封口端是否严密，有否缝隙，以免测试时渗漏进浴油而导致实验失败。

毛细管法熔点测定仪有市售商品，它是由加热、控温、测温等部分组成。此外，还有热台式熔点测定仪、显微熔点测定仪和数字熔点仪等仪器。在实验室中常用齐勒熔点测定管、双浴式熔点测定器，如图 2-24 所示。

（1）双浴式　双浴式熔点测定装置如图 2-24(a) 所示。将试管通过一侧面开口的胶塞固定在 250mL 圆底烧瓶中距瓶底约 1.5cm 处，烧瓶内盛放浴液（用量约为其容积的 2/3）。将装好样品的熔点管用小橡胶圈固定在分度值为 0.1℃的测量温度计上，要使样品部分位于水银球中部。然后将温度计也通过一侧面开口的胶塞固定在试管中距管底约 1cm 处，试管中可加浴液，也可不加浴液（空气浴）。另将一辅助温度计用小橡胶圈固定在测量温度计的露颈部位。

这种双浴式熔点测定装置为国家标准中规定的熔点测定装置，主要用于权威性的鉴定。其特点是样品受热均匀，测量温度可进行露颈校正，精确度较高。

（2）齐勒管式　齐勒管式熔点测定装置如图 2-24(b) 所示。齐勒管又叫 b 形管，内盛浴液，液面高度以刚刚超过上侧管 1cm 为宜，加热部位为侧管顶端，这样可便于管内溶液较好地对流循环。附有熔点管的温度计（固定方法和部位与

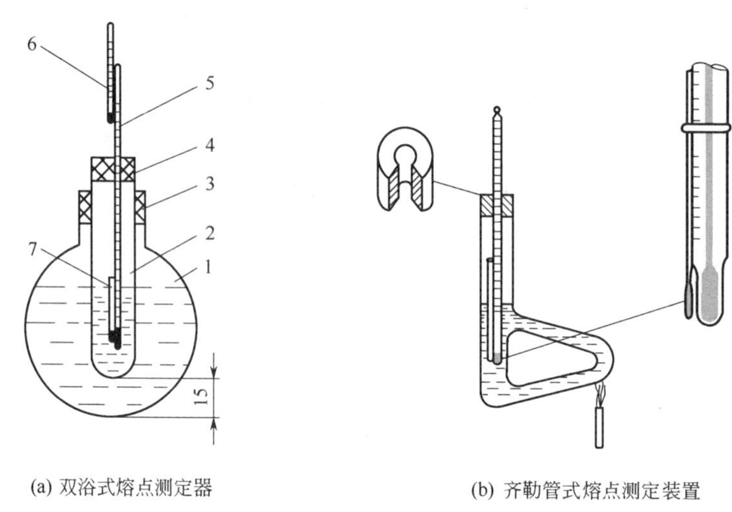

(a) 双浴式熔点测定器　　(b) 齐勒管式熔点测定装置

图 2-24　毛细管法测定熔点装置

1—圆底烧瓶；2—试管；3,4—侧面开口的胶塞；
5—测量温度计；6—辅助温度计；7—熔点管

双浴式相同）通过侧面开口塞安装在齐勒管中两侧管之间。

这种装置是目前实验室中较为广泛使用的熔点测定装置。其特点是操作简便，浴液用量少，节省测定时间。可用于一般的产品鉴定。

2.11.3　测定方法

无论采用哪种装置，测定熔点的操作方法基本上是相同的，现以齐勒管式为例加以介绍。

(1) 填装样品　待测的固体样品，应事先经过干燥，并仔细地研磨成很细的粉末，放在干燥器中备用。测定时，取 0.1g 待测样品，放在洁净干燥的表面皿中，用玻璃钉研成粉末后，聚成小堆。将熔点管的开口端向粉末堆中插几次，样品就会进入熔点管中。取一支长约 40cm 玻璃管，垂直竖立在一块干净的表面皿上，将熔点管开口端向上，由玻璃管上口投入，使其自由落下，这样反复操作几次，样品就被紧密结实地填装在熔点管底部。

一种样品的熔点至少要测定 3 次以上，所以该样品的熔点管也要准备 3 支以上。若所测定的是易分解或易脱水的样品，还应将已装好样品的熔点管开口端进行熔封。

(2) 安装仪器　将齐勒管固定在铁架台上，装入浴液，测定熔点在 150℃以下的有机物，可选用石蜡油、甘油。测定熔点在 300℃以下的可采用有机硅油作为浴液。然后按图 2-24(b) 所示安装附有熔点管的温度计。注意温度计刻度值应置于塞子开口侧并朝向操作者。熔点管应贴附在温度计侧面，而不能在正面或背面，以利于观察。

（3）测定熔点　用酒精灯加热齐勒管侧管弯曲部位，使温度缓缓升至比样品的熔点范围的初熔温度低 10℃时，将升温速度稳定保持在（1.0±0.1）℃/min。如所测的是易分解或易脱水样品，则升温速率应保持在 3℃/min。

在加热升温后，应密切注意温度计的温度变化情况。在接近熔点范围时，样品的状态发生显著的变化，可形成 3 个明显的阶段。第一阶段，原为堆实的样品出现软化、塌陷，似有松散、塌落之势，但此时还没有液滴出现，还不能认为是初熔温度，尚须有耐心，缓缓地升温。第二阶段，在样品管的某个部位，开始出现第一个液滴，其他部位仍旧是软化的固体，即已出现明显的局部液化现象，此时的温度即为观察的初熔温度（t_1）。继续保持 1℃/min 的升温速度，液化区逐渐扩大，密切注视最后一小粒固体消失在液化区内，此时的温度为完全熔化时的温度，即为观察的终熔温度（t_2）。该样品的熔点范围为 t_1～t_2。此时可熄灭加热的灯火，取出温度计，将附在温度计上的毛细管取下弃去，待热浴温度下降至熔点范围以下 10℃后，再换上装有样品的第二支毛细管，插上温度计，按前述方法进行操作。

用双浴式装置测定熔点时，要同时记录测量温度计及辅助温度计的示值，以便处理数据时，作露颈校正的计算。

2.11.4　温度计的校正

实验室中使用的温度计，大多为全浸式温度计。全浸式温度计的刻度是在汞线全部受热的情况下刻出来的。而使用温度计时，常常只是少部分汞线受热，大部分汞线则处于室温下，所以测得结果往往偏低。此外，有些温度计在制造时孔径不均匀、刻度不准确或经长期使用后，玻璃变形等，都会造成温度计在测量时有误差。因此，在需要准确测量温度时，应对温度计进行校正。方法如下。

用所需校正的温度计测定多个纯有机化合物（标准化合物）的熔点，然后以测定值为纵坐标，测定值与应有值之差为横坐标作图，便可得到一条该温度计的校正曲线。在以后用该温度计测量温度时，所得到的数据，通过该曲线可换算成准确值。每个实验者都应当将自己所用的温度计，通过测定标准化合物的熔点，进行校正。标准化合物可在表 2-10 中选择。

表 2-10　校正玻璃温度计常用的标准化合物

有机化合物名称	熔点/℃	有机化合物名称	熔点/℃	有机化合物名称	熔点/℃
对甲苯胺	43.7	乙酰苯胺	116	蒽	216
二苯甲酮	48.1	苯甲酸	122.4	糖精钠	229
1-萘胺	50	非那西汀	136	咖啡因	237
偶氮苯	69	水杨酸	159.8	氮芴	246
萘	80.3	磺胺	166	酚酞	265
香草醛	83	磺胺二甲嘧啶	200	蒽醌	285

【想一想】

测定熔点时如遇下列情况，会产生什么后果？

1. 熔点管不洁净。
2. 样品不干燥。
3. 样品研的不细或填装不实。
4. 加热速度太快。

2.11.5 熔点的测定（基本操作实验五）

2.11.5.1 目的要求

（1）了解熔点测定的意义。

（2）掌握毛细管法测定固体熔点的操作方法。

（3）熟悉温度计校正的意义和方法。

2.11.5.2 实验用品

齐勒管、熔点管、温度计（200℃）、玻璃管（40cm）、表面皿、玻璃钉。

萘、苯甲酸、未知物（可用尿素、肉桂酸、*α*-萘酚、乙酰苯胺等）、甘油。

2.11.5.3 实验步骤

（1）测定萘的熔点

① 熔点管的制备。取熔封两端的毛细管，用砂片从中间划一下，并轻轻折断，即制得两支熔点管。一共要准备7～8支。

② 填装样品。取0.1g萘，在洁净干燥的表面皿上，用玻璃钉仔细研磨成粉末状后聚成一小堆。按2.11.3（1）填装样品中所述方法填装两支熔点管，填装样品高度为2～3mm。

③ 安装仪器。将齐勒管固定在铁架台上，高度以酒精灯火焰可对侧管处加热为准。在齐勒管中装入甘油，液面与上侧管平齐即可[1]。按2.6.2（1）双浴式熔点测定装置中所述方法，将附有熔点管的温度计安装在齐勒管中两侧管之间[2]。

④ 加热测熔点。用酒精灯在侧管底部加热。当温度升至近70℃时，移动酒精灯，使升温速度减慢至约1℃/min，当接近80℃时，将酒精灯移至侧管边缘上缓慢加热，使温度上升更慢些。注意观察熔点管中样品的变化，记录初熔和全熔的温度。样品全熔后，撤离并熄灭酒精灯。待温度下降10℃以上后，取出温度计，将熔点管弃去[3]，换上另一支盛有样品的熔点管，重复测定一次。

（2）测定苯甲酸熔点　取2.4.3实验中精制的苯甲酸0.1g，在洁净干燥的表面皿上研细后，填装两支熔点管，用上述方法测其熔点。记录结果，并据此检验自制苯甲酸的纯度。

（3）测定未知样品熔点 向教师领取未知样一份，在洁净干燥的表面皿上研细后，填装 3 支熔点管。用上述方法测其熔点。其中第一次可较快升温，粗测一次，得到粗略熔点后，再精测两次。

根据所测熔点，推测可能的化合物，并向教师索取该化合物。测定此化合物熔点，若与未知样熔点相同，再将其与未知样混合并测定混合物熔点，以确认测定结果。

【做一做】

按照实验步骤（2）的方法，依次测定“重结晶条件试验”中所精制的 3 个苯甲酸样品的熔点，并对实验结果加以对比分析和总结。

2.11.5.4 安全提示

测定结束后，温度计需冷却至室温方可洗涤；浴液也应冷却至室温后再倒入回收瓶中。否则将可能造成温度计或回收瓶炸裂！

【注释】

[1] 甘油黏度较大，挂在壁上的流下后就可使液面超过侧管。另外，加热后，其热膨胀也会使液面增高。

[2] 由于两侧管内浴液的对流循环作用，使齐勒管中部温度变化较稳定，熔点管在此位置受热较均匀。

[3] 已测定过熔点的样品，经冷却后，虽然固化，但也不能再用做第二次测定。因为有些物质受热后，会发生部分分解，还有些物质会转变成不同熔点的其他结晶形式。

【思考题】

（1）测定熔点时，为什么要用热浴间接加热？

（2）为什么说通过测定熔点可检验有机物的纯度？

（3）如果测得一未知物的熔点与某已知物的熔点相同，是否可就此确认它们为同一化合物？为什么？

*2.12 凝固点的测定

2.12.1 凝固点及其测定的意义

凝固点也叫结晶点，是液体物质在大气压力下，液-固两态达到平衡时的温度。纯净物质的凝固点是常数，如果物质中含有杂质，其凝固点就会降低。因此可根据凝固点的测定数据，检验物质的纯度。

2.12.2 测定装置

测定凝固点的装置如图 2-25 所示。由一支带有套管的大试管、温度计和烧杯组成。烧杯用来盛装冷却浴液，可根据被测物质的凝固点不同选择不同的冷却浴。当凝固点在 0℃ 以上时，通常选用水-冰混合物做冷却浴；当凝固点在

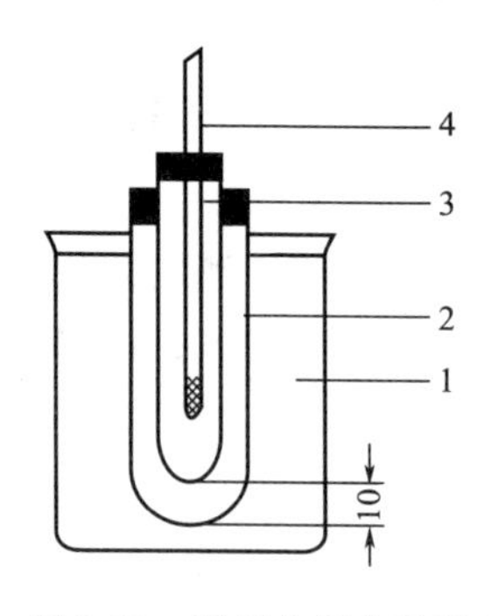

图 2-25　凝固点测定装置

1—冷却浴；2—套管；

3—试管；4—温度计

0～－20℃时，可选用盐-冰混合物做冷却浴；当凝固点在－20℃以下时，常用酒精-固体二氧化碳（干冰）混合物做冷却浴。

2.12.3　测定方法

测定凝固点的操作程序如下。

（1）装入样品　若样品为液体，则量取 15mL，置于大试管中，直接进行测定。若样品为固体，则称取 20g 左右，置于大试管中。然后将试管放入适当的热浴中加热使其熔化，并使熔化后的液体继续升温 10℃以上。

（2）安装仪器　把配好塞子的温度计插入装有待测样品的大试管中，温度计水银球应浸入液面下。然后按图 2-25 所示安装实验装置。

（3）测定凝固点　仔细观察试管中液体及温度计示值的变化，当液体凝固、温度保持不变 1min 以上时，即为该物质的凝固点。

2.13　沸点的测定

2.13.1　沸点及其测定的意义

沸点是指液体的蒸气压与外界压力相等时的温度。纯净液体受热时，其蒸气压随温度升高而迅速增大，当达到与外界大气压力相等时，液体开始沸腾，此时的温度就是该液体物质的沸点。由于外界压力对物质的沸点影响很大，所以通常把液体在 101.325kPa 下测得的沸腾温度定义为该液体物质的沸点。

在一定压力下，纯净液体物质的沸点是固定的，沸程较窄（0.5～1℃）。如果含有杂质，沸点就会发生变化，沸程也会增大。所以，一般可通过测定沸点来检验液体有机物的纯度。但须注意，并非具有固定沸点的液体就一定是纯净物，因为有时某些共沸混合物也具有固定的沸点。

沸点是液体有机物的特性常数，在物质的分离、提纯和使用中具有重要意义。

2.13.2　测定装置

中华人民共和国国家标准 GB 616—2006《化学试剂　沸点测定通用方法》规定了液体有机试剂沸点测定的通用方法，适用于受热易分解、氧化的液体有机试剂的沸点测定。

测定沸点的装置如图2-26所示。

将盛有待测液体的试管由三口烧瓶的中口放入瓶中距瓶底 2.5cm 处，用侧面开口胶塞将其固定住。烧瓶内盛放浴液，其液面应略高出试管中待测试样的液面。将一支分度值为 0.1℃ 的测量温度计通过侧面开口胶塞固定在试管中距试样液面约 2cm 处，测量温度计的露颈部分与一支辅助温度计用小橡胶圈套在一起。三口烧瓶的一侧口可放入一支测浴液的温度计，另一侧口用塞子塞上。

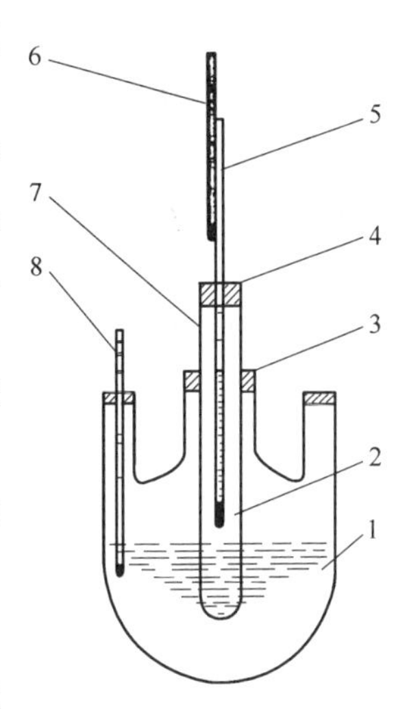

图 2-26　沸点测定装置

1—三口烧瓶；2—试管；3，4—胶塞；5—测量温度计；6—辅助温度计；7—侧孔；8—温度计

这种装置测得的沸点经温度、压力、纬度和露颈校正后，准确度较高，主要用于精密度要求较高的实验中。

实验室中，通常是采用蒸馏装置进行液体有机物沸点的测定。

2.13.3　测定方法

用图 2-26 所示的装置测定沸点时，先将整套装置固定在铁架台上。装好浴液和待测试样后，用适当的热源进行加热，当试管中的试液开始沸腾，测量温度计的示值保持恒定时，即为该待测液体的沸点。记录测量温度计及辅助温度计示值、露颈高度、室温和大气压力。其数据经校正处理后，可得准确沸点。

校正公式为：

$$t=t_1+\Delta t_2+\Delta t_3+\Delta t_p$$

其中

$$\Delta t_3=0.00016h(t_1-t_4)$$

$$\Delta t_p=CV(1013.25-p_0)$$

$$p_0=p_t-\Delta p_1+\Delta p_2$$

式中　t——准确沸点值；

t_1——沸点观测值（即测量温度计的读数），℃；

Δt_2——测量温度计本身的刻度校正值，℃；

Δt_3——测量温度计露颈校正值，℃；

Δt_p——沸点随气压变化校正值，℃；

t_4——测量温度计露颈部分的平均温度（即辅助温度计的读数），℃；

h——测量温度计露颈部分的汞柱高度（以温度计的刻度数值表示）；

CV——沸点随气压的变化率，可查表得到（见 GB 615—2006 表 B.3）；

p_0——0℃时的气压，hPa；

p_t——室温时的气压，hPa；

Δp_1——室温换算到 0℃时的气压校正值，可查表得到；

Δp_2——纬度重力校正值，可查表得到；

0.00016——水银对玻璃的膨胀系数。

*2.14 闪点的测定

2.14.1 闪点及其测定的意义

在规定的条件下，加热石油产品的试样，当达到某温度时，试样的蒸汽和周围空气的混合气，一旦与火焰接触，即发生闪燃现象，发生闪燃时试样的最低温度，称为闪点。

闪点是可燃性液体贮存、运输和使用的一个安全指标，也是可燃性液体的挥发性指标。闪点低的可燃性液体，挥发性高，容易着火，安全性较差。测定闪点，能为可燃性液体生产、储存以及火灾危险性的分类等提供重要依据。

2.14.2 测定装置

测定闪点的仪器分为开口闪点测定仪和闭口闪点测定仪。目前使用的大多是按照国家标准测定方法的规定设计制作的全自动测定仪。由电脑控制测定全过程。仪器自动升温控制，自动点火扫划，自动检测闪点锁定并打印结果、自动关闭气源。

2.14.3 测定方法

2.14.3.1 开口闪点的测定方法

用开口闪点测定仪所测得的结果叫做开口闪点，以℃表示。常用于测定润滑油。按 GB/T 267—88 标准方法测开杯闪点时，把试样装入内坩埚到规定的刻度线。首先迅速升高试样温度，然后缓慢升温，当接近闪点时，恒速升温，在规定的温度间隔，用一个小的点火器火焰按规定速度通过试样表面，以点火器的火焰使试样表面上的蒸汽发生闪火的最低温度，作为开口闪点。

2.14.3.2 闭口闪点的测定方法

用闭口闪点测定仪所测得的结果叫做闭口闪点，以℃表示。常用于测定煤油、柴油、变压器油等。

测闭杯闪点时，将样品倒入试验杯中，在规定的速率下连续搅拌，并以恒定速率加热样品。以规定的温度间隔，在中断搅拌的情况下，将火源引入试验杯开口处，使样品蒸汽发生瞬间闪火，且蔓延至液体表面的最低温度，作为闭口闪点。

2.15 折射率的测定

2.15.1 折射率及其测定的意义

当单色光从一种介质射向另一介质时，光的速度发生变化，光的传播方向也

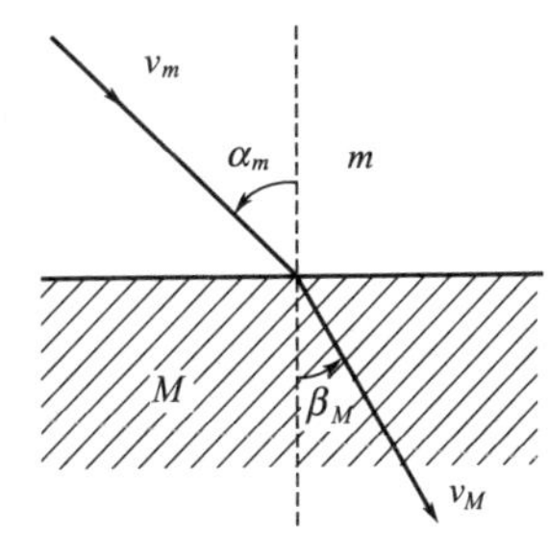

图 2-27　光的折射

会发生变化，这种现象称为光的折射现象，如图 2-27 所示。α 为入射角，β 为折射角。光的入射角和折射角的正弦比称为折射率，常用 n 表示。

$$n=\frac{\sin\alpha}{\sin\beta}$$

若温度一定，对两种固定的介质而言，n 是一个常数，它是物质的重要物理参数之一。

通过折射率的测定，可以了解物质的组成、纯度及结构等。由于测定折射率所需样品量少、测量精度高、重现性好，常用来定性鉴定液体物质或其纯度以及定量分析溶液的组成等。

一般文献中记录的物质折射率数据是 20℃时，以钠灯为光源（D 线）测定出来的，用 n_D^{20} 表示。

2.15.2　测定装置

测定折射率的装置由阿贝折射仪（精密度为±0.0002）和恒温水浴及循环泵组成。阿贝折射仪见图 2-28。恒温系统可向棱角提供温度为（20.0±0.1）℃的循环水。

折射仪在使用前需要用蒸馏水来进行校正，校正仪器用水应符合 GB 6682—2008 规定的二级水规格。

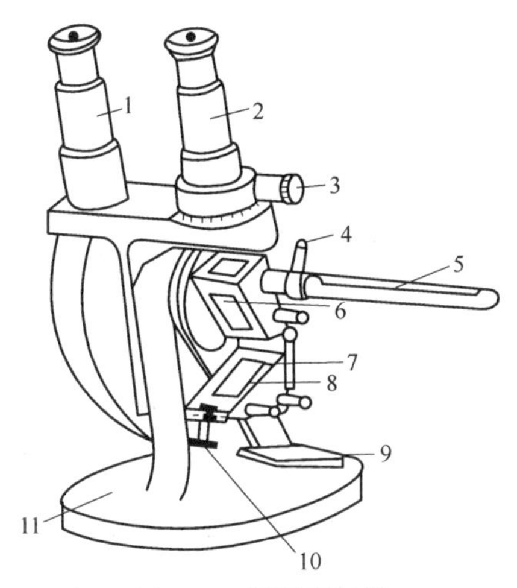

图 2-28　阿贝折射仪

1—刻度盘目镜；2—测量望远镜；3—消色补偿镜旋钮；4—恒温水进口；5—温度计；6—直角棱镜；7—辅助棱镜；8—加液槽；9—反光镜；10—旋钮；11—底座

2.15.3　测定方法

（1）连接恒温水浴　将恒温水浴与仪器进水口 4 连接，使恒温水进入直角棱镜 6 的夹套。调节水浴温度，使棱镜温度保持在（20.0±0.1）℃。

（2）清洗镜面　在每次测定前都应清洗棱镜表面。如无特殊说明，可用适当的易挥发性溶剂清洗棱镜表面，再用镜头纸或医药棉将溶剂吸干。

（3）调节刻度值　转动刻度盘反光镜 9，转动并闭合直角棱镜旋钮 10，观察刻度盘目镜 1，将刻度值调至被测样品的标准折射率附近。

（4）加样品　转动闭合旋钮 10，打开直角棱镜 6，将数滴 20℃左右的样品滴在棱镜的毛玻璃上，使液体在毛玻璃上形成均匀的无气泡、充满视场的液膜，迅速关闭直角棱镜，并旋紧。待棱镜温度恢复到（20.0±0.1）℃。

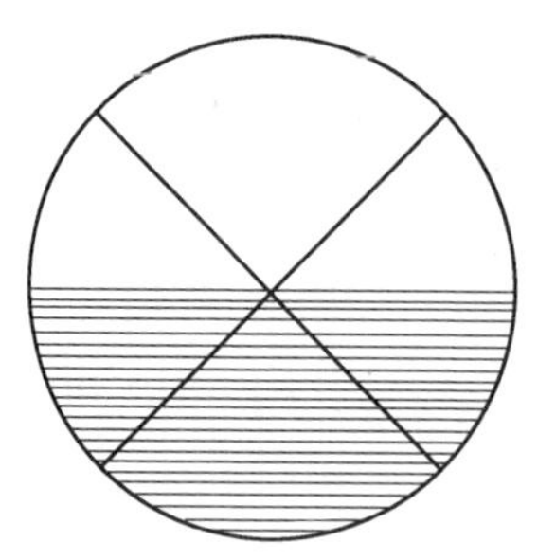
图 2-29 折射仪在临界角时的目镜视野图

（5）读数　观察测量望远镜 2，若视场内光线太暗，调节反光镜 9，直至得到合适的亮度。转动消色补偿镜旋钮 3，使目镜中的彩色基本消失，能观察到清晰的明暗界面，再转动直角棱镜旋钮，观察测量望远镜 2，将明暗界面调节至目镜中十字线的交叉点处，见图 2-29。通过刻度盘目镜 1 读出折射率数值，精确到 4 位小数。记下测量时温度与折射率数值。不同温度下纯水的折射率见表 2-11。

（6）清洗镜面　测定折射率后，应立即打开直角棱镜，用擦镜纸轻轻地单向擦拭。一次实验完成后，用无水乙醇或丙酮将棱镜擦洗干净，盖上仪器罩。

表 2-11　不同温度下纯水的折射率

温度/℃	14	15	16	18	20	22	24	26	28
n_D	1.333 48	1.333 41	1.333 33	1.333 17	1.332 99	1.332 81	1.332 62	1.332 41	1.332 21
温度/℃	30	32	34	36	38	40	42	44	46
n_D	1.331 92	1.331 64	1.331 36	1.331 07	1.330 79	1.330 51	1.330 23	1.329 92	1.329 59

阿贝折射仪的读数校正：在必要时，可对折射仪的读数进行校正，取温度在(20.0±0.1)℃的二级水2～3滴，按上述测样品折射率的方法，测定蒸馏水的折射率。重复测定两次。将测得的蒸馏水的平均折射率与水的标准值（n_D^{20} = 1.33299）比较，可求得仪器的修正值。

2.15.4　折射率的测定（基本操作实验六）

2.15.4.1　目的要求

（1）了解折射率测定的原理与意义。

（2）初步掌握折射率测定的操作方法。

2.15.4.2　实验用品

阿贝折射仪、恒温水浴及循环泵、橡皮管、校正仪器用水、擦镜纸。

正丁醇、乙酸乙酯、乙酸正戊酯、无水乙醇。

2.15.4.3　实验步骤

将恒温水浴的水温调节至（20.0±0.1)℃。

（1）连接恒温水浴　用橡皮管将仪器进水口与恒温水浴相连接，开动恒温水浴循环泵，使恒温水进入直角棱镜的夹套，使棱镜保持在（20.0±0.1)℃。

（2）清洗镜面　用滴管吸取少许无水乙醇，滴在棱镜表面[1]，清洗镜面，再用擦镜纸吸干、擦净[2]。

（3）调节刻度值　转动刻度盘反光镜，合上直角棱镜旋钮，观察刻度盘目镜，将刻度值调至 1.3993 附近。

(4) 滴加样品正丁醇　转动闭合旋钮，打开直角棱镜，用滴管滴加正丁醇数滴，滴在棱镜的毛玻璃上，使液体在毛玻璃上展成薄膜，迅速关闭直角棱镜，并旋紧。

(5) 读数　观察测量望远镜，调节反射镜，使得到合适的亮度。转动消色补偿镜旋钮，使目镜中的彩色基本消失，能观察到清晰的明暗界面，再转动直角棱镜旋钮，观察测量望远镜，将明暗界面调节至目镜中十字线的交叉点处。通过刻度盘目镜读出折射率数值，精确至 4 位小数。记下测量时的温度值与折射率数值。

(6) 清洗镜面　打开直角棱镜，用擦镜纸轻轻地单向擦拭。用无水乙醇将镜面擦洗干净。

(7) 继续测试样品　用上面方法测定乙酸乙酯（$n_D^{20}=1.3723$）、乙酸正戊酯（$n_D^{21}=1.4000$）折射率。

【注释】

[1] 不要将滴管玻璃管口直接触及玻璃表面，以免损坏镜面。盛放样品的试剂瓶可预先恒温到 20℃。

[2] 不要用滤纸代替擦镜纸。

*2.16　旋光度的测定技术

2.16.1　旋光度及其测定的意义

一般光源发出的光，其光波在垂直于传播方向的一切方向上振动，这种光称为自然光；当光通过一种特制的尼科尔（Nicol）棱镜（由冰洲石制成，其作用就像一个光栅）时，只有与棱镜晶轴平行的平面上振动的光可以通过，这种只在一个方向上振动的光称为平面偏振光，简称偏振光，如图 2-30 所示。

当偏振光通过具有旋光性的物质时，会使其振动平面发生一定角度的旋转。旋光物质使偏振光振动面旋转的角度称为旋光度，通常用符号 α 表示。

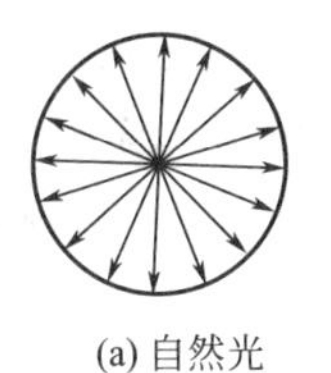

(a) 自然光

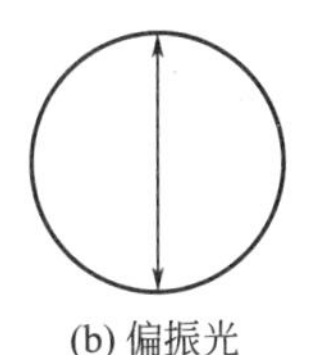

(b) 偏振光

图 2-30　自然光和偏振光

物质的旋光度并不是一个常数，它不仅与物质的结构有关，并且与测定条件有关。为了比较不同物质的旋光性，人们定义了比旋光度的概念，规定当旋光管的长度为 1dm，溶液的浓度为 $1g \cdot mL^{-1}$ 时测得的旋光度叫做比旋光度，用符号 $[\alpha]$ 表示：

$$[\alpha]_\lambda^t=\frac{\alpha\times 100}{lc} \tag{1}$$

纯液体的比旋光度为：

$$[\alpha]_{\lambda}^{t}=\frac{\alpha}{l\rho} \tag{2}$$

式中 $[\alpha]$ ——比旋光度，(°)；

t——测定时的温度，℃；

λ——光源的波长，通常用钠光 D 线，标记为 D，nm；

l——旋光管的长度，dm；

c——溶液浓度，g·$(100\text{mL})^{-1}$；

ρ——液体在测定温度下的密度，g·mL^{-1}。

比旋光度是物质的特性常数之一。通过旋光仪测定旋光度，然后依式（1）或式（2）计算，可以确定旋光性物质的纯度或溶液的浓度，也可以进行化合物的定性鉴定。

2.16.2 测定装置

测定旋光度的仪器叫做旋光仪，其基本结构如图 2-31 所示，主要部件为起偏镜和检偏镜。起偏镜用于产生平面偏振光，检偏镜用来测定偏振光的旋转角度。

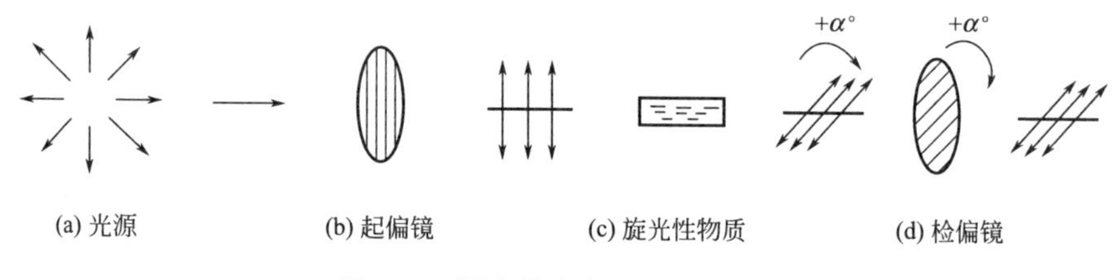

图 2-31 测定旋光度的原理示意图

当两块棱镜的晶轴互相平行时，偏振光可以全部通过；当在两块棱镜之间的旋光管中放入旋光性物质的溶液时，由于旋光性物质使偏振光的振动平面旋转了一定角度，所以偏振光就不能完全通过检偏镜。只有将检偏镜也相应地旋转一定角度后，才能使偏振光全部通过。此时，检偏镜旋转的角度就是该旋光性物质的旋光度。如果旋转方向是顺时针，称为右旋，α 取正值；反之称为左旋，α 取负值。

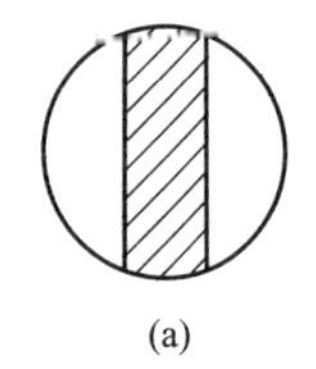

(a)

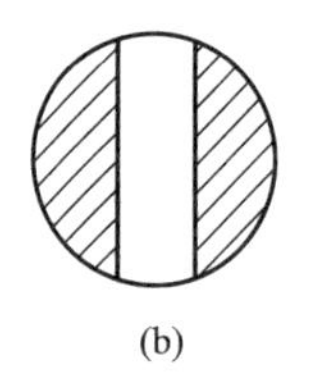

(b)

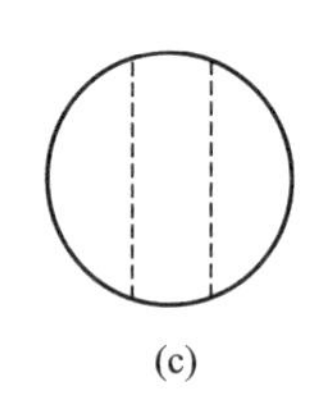

(c)

图 2-32 三分视场

为了减少误差，提高观测的准确性，在起偏镜后放置一块狭长的石英片，使目镜中能观察到三分视场，如图 2-32 所示。

图 2-32（a）所示视场，中间暗，两边亮，图 2-32（b）所示视场，中间亮，两边暗，图 2-32（c）所示视场，明暗度相同，三分视场消失，选

择这一视场作为仪器的测量零点，在测定旋光度读数时均以它为标准。

2.16.3 测定方法

（1）仪器预热　先接通电源，开启旋光仪上的电源开关，预热5min。使钠光灯发光强度稳定。

（2）零点校正　将旋光管用蒸馏水冲洗干净，再装满蒸馏水[1]，旋紧螺帽，擦干外壁的水分后，放入旋光仪中。转动刻度盘，使目镜中三分视场界线消失，观察刻度盘的读数是否在零点处，若不在零点，说明仪器存在零点误差，需测量三次取平均值作为零点校正值。

（3）样品测定[2]　取出旋光管，倒出蒸馏水，用待测溶液洗涤2～3次。在旋光管中装满该待测溶液，擦干外壁后放入仪器中。转动刻度盘，使目镜中三分视场消失（与零点校正时相同），记录此时刻度盘的读数，加上（或减去）校正值即为该溶液的旋光度。

（4）结束测定　全部测定结束后，取出旋光管，倒出溶液，洗净备用。关闭旋光仪电源。

【注释】

[1] 旋光仪管中盛装待测液体（含蒸馏水）时，不能有气泡，否则会影响测定结果的准确性。

[2] 旋光度和温度有关。对大多数物质，用$\lambda=589.3$nm（钠光）测定，当温度升高1℃时，旋光度约减少0.3%。故最好能在恒温（一般为20℃±0.1℃）的条件下进行。

2.17 红外吸收光谱

2.17.1 红外吸收光谱及其测定的意义

用红外光照射物质时，物质的分子将吸收一部分相应的光能，发生振动和转动能级的跃迁，将这种吸收情况以吸收曲线的形式记录下来，就得到该物质的红外吸收光谱。

不同结构的分子，由于其振动方式不同，出现的吸收光谱也不相同，因此可以利用红外吸收光谱进行化合物的定性和定量分析。

红外光谱具有像指纹一样高度的特征性。利用这一特点，人们采集了成千上万种已知化合物的红外光谱，并把它们存入计算机中，编成红外光谱标准谱图库。进行定性分析时，只需把测得未知物的红外光谱与标准库中的谱图进行比对，就可以迅速判定未知物的成分。

2.17.2 测定装置

目前较为广泛应用的是傅里叶红外光谱仪，这是基于对干涉后的红外光进行傅里叶变换的原理而开发的红外光谱仪。主要由红外光源、光阑、干涉仪（分束器、动镜、定镜)、样品室、检测器以及红外反射镜、激光器、控制电路板和电源组成。

光源发出的光被分束器（类似半透半反镜）分为两束，一束经透射到达动镜，另一束经反射到达定镜。两束光分别经定镜和动镜反射再回到分束器，动镜以一恒定速度作直线运动，因而经分束器分束后的两束光形成光程差，产生干涉。干涉光在分束器会合后通过样品池，通过样品后含有样品信息的干涉光到达检测器，然后通过傅里叶变换对信号进行处理，最终得到透过率或吸光度随波数或波长变化的红外吸收光谱图。

2.17.3 测定方法

(1) 准备样品：①固体样品称取适量 KBr，在红外灯下烘 1h 或在恒温箱干燥 3h 后，称取约 0.3mg KBr，置于玛瑙研钵中，KBr 与待测样品以适当的比例混合，沿同一方向充分研磨混匀，移于压模中，使分布均匀，把压模水平放置在压机座上，加压到 15～20MPa，保持约 1min，目视检查均匀性，表面平滑度，透光性等是否良好，装样。②液体样品滴加适量待测液窗片上，放上另一窗片，压紧，拧上螺丝，以样品不外漏为标准，不可过紧，否则容易压坏窗片。

(2) 开机：按下电源开关，开启仪器，预热 15min。开启电脑，运行操作软件，根据待测样品的实验要求，设置实验参数。

(3) 采集样品：单击“采集”菜单下的“采集样品”，采集背景后，插入样品，单击“确定”，开始采集样品。

(4) 采集结束后，光谱窗上显示样品的红外光谱图。

(5) 对该光谱图进行相应的数据处理。

超临界流体萃取技术

当今，随着人们生活水平的不断提高，对天然产物、“绿色食品”的关注和需求也在不断增加。然而，传统的天然产物分离加工中的压榨、水蒸气蒸馏和溶剂萃取等工艺手段往往会造成天然产物中某些热敏性或化学不稳定性成分在加工过程被破坏，改变了天然食品的独特“风味”和营养。同时加工过程溶剂残留物的污染也是不可避免的，因而人们一直在寻找新的天然产物加工新工艺。

超临界流体萃取技术是近 20 年来国际上取得迅速发展的化工分离高新技术。在食品、香料、药物和化工等领域有着广泛的应用前景。

物质处于临界温度（T_c）和临界压力（P_c）以上状态时，向该状态气体加压，气体不会液化，只是密度增大，具有类似液态性质，同时还保留气体性能，这种状态的流体称为超临界流体（Supercritical Fluid，简称 SCF)。超临界流体具有某些特殊性质，例如既有液体对溶质溶解的能力，又有气体易于扩散和运动的特性，传质速率大大高于液相过程。更重要的是在临界点附近，温度或压力微小的改变都会引起流体密度很大的变化，并相应地表现为溶解度的变化。因此，人们可以利用温度、压力的变化来实现萃取和分离的过程。

目前较为常用的超临界流体为 CO_2。超临界 CO_2 具有密度大、溶解能力强、传质速率高、临界温度和压力适中，使分离过程可在接近室温条件下进行，且便宜易得，无毒，惰性并容易从萃取产物中分离出来等一系列优点，因而受到人们的关注。

超临界流体技术具有广泛的适应性，近年来这一技术正在迅速向萃取分离以外的领域发展。成为包括萃取分离、材料制备、化学反应和环境保护等多项领域的综合技术。

在我国，超临界流体 CO_2 萃取技术历经引进、改进和完善等阶段，已逐步走向工业化。

第3章 有机化合物的鉴定及其应用

【知识目标】

- 熟悉可由于鉴定的有机化学反应。
- 掌握重要官能团的鉴定方法。

【技能目标】

- 能应用相关化学反应鉴定各类有机化合物。
- 会正确观察实验现象并科学表达实验结论。

有机化合物的性质是指有机化合物能够发生的一些化学反应。有机化学反应大多发生在分子中的官能团上。

官能团通常是指有机化合物分子中比较活泼、容易发生化学反应的原子或基团，它往往决定化合物的主要性质。不同官能团具有不同的特性，可以发生不同的反应。相同官能团在不同的化合物中，由于受分子中其他部分的影响不同，反应性能也会有所差异。利用官能团的这些特性反应，可以对其进行定性鉴定。

并非所有化学反应都能用于官能团的鉴定，只有那些反应迅速、灵敏度高、现象变化明显、操作安全方便的化学反应才可用来鉴定有机物。

3.1 常见官能团的性质与鉴定

有机化合物主要来自于石油和人工合成。经过分馏和精制，大多以各类别的形式独立存在。通常都可分别进行鉴定。不同化合物中的同类官能团，因其反应性能的差异，往往可根据其能与不同试剂作用或与同一试剂作用的现象不同而加以区别。某些制备的气体中常混有杂质（如甲烷中混有乙烯，乙烯中混有 CO_2、SO_2，乙炔中混有 H_2S、PH_3 等），干扰这些物质的鉴定，可通过洗气装置将其吸收除去。

有机化合物中常见官能团的鉴定反应及所用试剂见表 3-1。

【想一想】

1. 高锰酸钾可用于鉴定甲酸和草酸，但却不能鉴定其他羧酸，为什么？
2. 苯酚和苯胺都能与溴水作用生成白色沉淀，如何区别它们？

表 3-1 常见官能团的鉴定

化合物类别	官能团	试剂	鉴定反应实例	反应现象	备注
烯烃	$-C=C-$	Br_2/CCl_4	$CH_2=CH_2 + Br_2 \xrightarrow{CCl_4} CH_2Br-CH_2Br$ （红棕色）（无色）	溶液褪色	
		$KMnO_4/H_2O$	$3CH_2=CH_2 + 2KMnO_4 + 4H_2O \longrightarrow$ （紫红色） $3CH_2(OH)-CH_2(OH) + 2MnO_2\downarrow + 2KOH$ （无色）（褐色）	溶液褪色，有褐色沉淀生成	在稀、冷溶液中
炔烃	$-C\equiv C-$	Br_2/CCl_4	$CH\equiv CH + 2Br_2 \xrightarrow{CCl_4} CHBr_2CHBr_2$ （红棕色）（无色）	溶液褪色	
		$KMnO_4/H_2O$	$3CH\equiv CH + 10KMnO_4 + 2H_2O \longrightarrow$ （紫红色） $6CO_2\uparrow + 10KOH + 10MnO_2\downarrow$ （褐色）	溶液褪色，有褐色沉淀生成	
		$AgNO_3/$ $NH_3 \cdot H_2O$	$RC\equiv CH + 2Ag(NH_3)_2NO_3 \longrightarrow$ $RC\equiv CAg\downarrow + NH_4NO_3 + NH_3$ （白色）	生成白色沉淀	限于鉴定乙炔和端位炔烃
		$CuCl/$ $NH_3 \cdot H_2O$	$R-C\equiv CH + 2Cu(NH_3)_2Cl \longrightarrow$ $RC\equiv CCu\downarrow + 2NH_4Cl + 2NH_3\uparrow$ （红棕色）	生成红棕色沉淀	
卤代烃	$-X$	$AgNO_3/$ C_2H_5OH	$R-X + AgNO_3 \xrightarrow{C_2H_5OH} RONO_2 + AgX\downarrow$	生成沉淀	不同结构的卤代烃其反应活性不同。叔卤烷和烯丙式卤代烯烃立即反应，仲卤烃反应较慢，伯卤烃需加热才反应，乙烯型卤代烯烃不反应，可借此区别不同结构的卤代烃

续表

化合物类别	官能团	试剂	鉴定反应实例	反应现象	备注
醇	—OH	Na H_2O 酚酞指示剂	$2ROH+2Na \longrightarrow 2RONa+H_2\uparrow$ $RONa+H_2O \longrightarrow ROH+NaOH$ 酚酞指示剂$\xrightarrow[H_2O]{NaOH}$粉红色	点燃氢气有爆鸣声 溶液变成粉红色	
		无水 $ZnCl_2$/浓 HCl （卢卡斯试剂）	$R_3COH+HCl \xrightleftharpoons{ZnCl_2} R_3CCl+H_2O$ 叔醇 $R_2CHOH+HCl \xrightleftharpoons{ZnCl_2} R_2CHCl+H_2O$ 仲醇 $RCH_2OH+HCl \xrightleftharpoons{ZnCl_2} RCH_2Cl+H_2O$ 伯醇	溶液立即浑浊 约 10min 出现浑浊 加热才可出现浑浊	可根据反应速度不同区别伯、仲、叔三级醇
		$K_2Cr_2O_7/H_2SO_4$	$RCH_2OH+Cr_2O_7^{2-}+10H^+ \longrightarrow RCOOH+2Cr^{3+}+6H_2O$ 伯醇（橘红色）（绿色） $R_2CHOH+Cr_2O_7^{2-}+12H^+ \longrightarrow R_2C{=}O+2Cr^{3+}+7H_2O$ 仲醇（橘红色）（绿色） $R_3COH+Cr_2O_7^{2-}+H^+ \neq$ 不反应 叔醇	溶液由橘红色转变为绿色 同上 橘红色不变	可利用这一反应鉴定叔醇
		$Cu(OH)_2$	$CH_2OH{-}CH_2OH + Cu(OH)_2 \longrightarrow$ (CH₂O—O, CH₂O—O 环状)$Cu+2H_2O$ （蓝色固态）（绛蓝色，液态）	由蓝色沉淀转变为绛蓝色溶液	可用于鉴定邻位二元醇

续表

化合物类别	官能团	试　剂	鉴定反应实例	反应现象	备　注
酚	—OH	Br_2/H_2O	$C_6H_5OH + 3Br_2 \xrightarrow{H_2O}$ 2,4,6-三溴苯酚 (OH, Br, Br, Br 取代苯环) $\downarrow + 3HBr$ (白色)	白色沉淀	反应灵敏，微量苯酚即可被检出
		$FeCl_3$ 溶液	$6C_6H_5OH + FeCl_3 \longrightarrow [Fe(OC_6H_5)_6]^{3-} + 6H^+ + 3Cl^-$ (紫色)	溶液变成紫色	不同结构的酚与 $FeCl_3$ 反应呈现不同颜色，可用于鉴定各种酚类
醛	$-\overset{\displaystyle O}{\overset{\Vert}{C}}-H$	托伦试剂	$RCHO + 2Ag(NH_3)_2OH \longrightarrow ROONH_4 + 2Ag\downarrow + 3NH_3 + H_2O$ (银镜)	在洁净的玻璃管壁上有银镜生成	
		斐林试剂	$RCHO + 2Cu(OH)_2 + NaOH \xrightarrow{\triangle} RCOONa + Cu_2O\downarrow + 3H_2O$ (砖红色)	生成砖红色沉淀	芳醛不被斐林试剂氧化
		希夫试剂	希夫试剂 $\xrightarrow{RCHO}$ 紫红色 (无色)	溶液由无色变为紫红色	甲醛与希夫试剂作用的紫红色很稳定，加硫酸也不褪色；但其他醛与希夫试剂作用生成的紫红色加硫酸后颜色褪去
醛和酮	$-\overset{\displaystyle O}{\overset{\Vert}{C}}-H$ $-\overset{\displaystyle O}{\overset{\Vert}{C}}-$	2,4-二硝基苯肼(羰基试剂)	$R(R)HC{=}O + H_2NNH-C_6H_3(NO_2)_2$ (2,4-二硝基苯基) $\longrightarrow$ 羰基试剂 $R(R)HC{=}NNH-C_6H_3(NO_2)_2\downarrow$ (黄色或橙红色)	黄色或橙色沉淀	

续表

化合物类别	官能团	试　剂	鉴定反应实例	反应现象	备　注
醛和酮	$-\overset{\overset{\displaystyle O}{\parallel}}{C}-H$	饱和 $NaHSO_3$	$\underset{\text{醛或甲基酮}}{R(CH_3)H-C{=}O} + NaHSO_3 \rightleftharpoons \underset{\text{(冰状结晶)}}{R(CH_3)H-C(OH)SO_3Na}\downarrow$	产物为冰状结晶	产物可溶于水，但不溶于饱和亚硫酸氢钠
	$-\overset{\overset{\displaystyle O}{\parallel}}{C}-$	NεOI（碘仿试剂）	$CH_3-\overset{\overset{\displaystyle O}{\parallel}}{C}-R(H) + 3NaOI \longrightarrow \underset{\text{(黄色)}}{CHI_3}\downarrow + RCOONa\,(H) + 2NaOH$	黄色沉淀	本反应限于具有 $CH_3-\overset{\overset{\displaystyle O}{\parallel}}{C}-H$ 结构的醛酮和能被氧化成这种结构的醇类
羧酸	$-\overset{\overset{\displaystyle O}{\parallel}}{C}-OH$	刚果红试纸	刚果红试纸 $\xrightarrow{RCOOH}$ 蓝黑色	试纸变为蓝黑色	
		托伦试剂	$HCOOH + 2Ag(NH_3)_2OH \longrightarrow CO_2\uparrow + \underset{\text{(银镜)}}{2Ag}\downarrow + 4NH_3\uparrow + 2H_2O$	生成银镜	羧酸中只有甲酸能发生此反应
		$KMnO_4$ H_2O H_2SO_4	$HCOOH + \underset{\text{(紫红色)}}{MnO_4^-} + 6H^+ \longrightarrow CO_2\uparrow + \underset{\text{(无色)}}{Mn^{2+}} + 4H_2O$	溶液褪色	用于鉴定甲酸
			$5\,\begin{matrix}COOH\\ \vert \\ COOH\end{matrix} + 2MnO_4^- + 6H^+ \longrightarrow 10CO_2\uparrow + 2Mn^{2+} + 8H_2O$	溶液褪色	用于鉴定草酸

续表

化合物类别	官能团	试 剂	鉴定反应实例	反应现象	备 注
胺	$-NH_2$	HNO_2 $(NaNO_2+HCl)$ 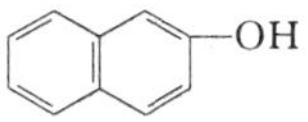 β-萘酚（$C_{10}H_7-OH$）	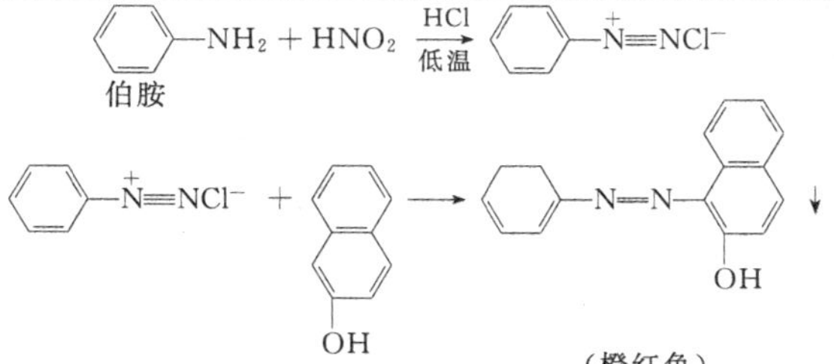 $C_6H_5-NH_2+HNO_2\xrightarrow[低温]{HCl}C_6H_5-\overset{+}{N}\equiv NCl^-$ 伯胺 $C_6H_5-\overset{+}{N}\equiv NCl^-+C_{10}H_7OH\longrightarrow C_6H_5-N{=}N-C_{10}H_6-OH\downarrow$ （橙红色）	生成橙红色沉淀	利用与亚硝酸反应的现象不同鉴定伯、仲、叔三级胺
			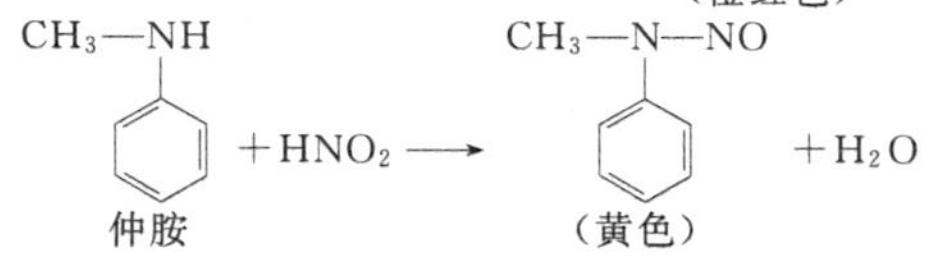 $C_6H_5-NH-CH_3+HNO_2\longrightarrow C_6H_5-N(CH_3)-NO+H_2O$ 仲胺 （黄色）	黄色固体或油状物	
			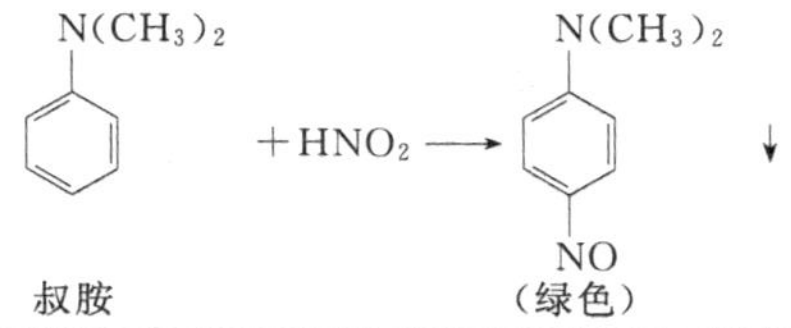 $C_6H_5-N(CH_3)_2+HNO_2\longrightarrow (CH_3)_2N-C_6H_4-NO\downarrow$ 叔胺 （绿色）	生成绿色沉淀	
		Br_2/H_2O	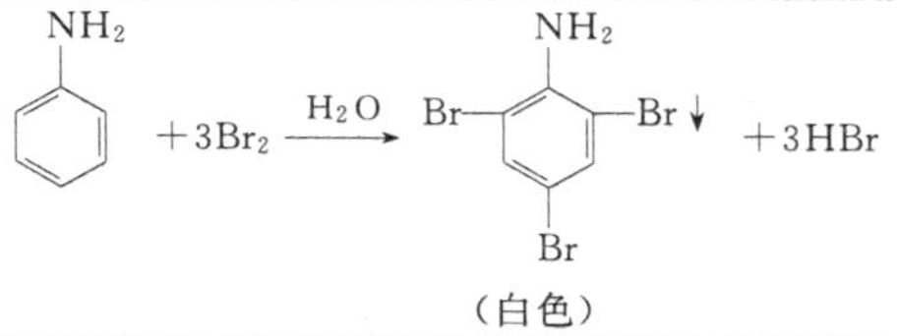 $C_6H_5-NH_2+3Br_2\xrightarrow{H_2O}$ 2,4,6-三溴苯胺$\downarrow+3HBr$ （白色）	生成白色沉淀	用于鉴定苯胺
		$CuSO_4$ $/OH^-$ （缩二脲反应）	$2H_2N-\underset{\underset{O}{\Vert}}{C}-NH_2\xrightarrow{\triangle}H_2N-\underset{\underset{O}{\Vert}}{C}-NH-\underset{\underset{O}{\Vert}}{C}-NH_2+NH_3\uparrow$ $H_2N-\underset{\underset{O}{\Vert}}{C}-NH-\underset{\underset{O}{\Vert}}{C}-NH_2\xrightarrow[OH^-]{稀CuSO_4}$紫色	生成的NH_3可使润湿的红色石蕊试纸变成蓝色 溶液变成紫色	用于鉴定碳酰胺（尿素）

3.2 有机化合物的鉴定应用实验

3.2.1 目的要求

（1）了解有机化合物的鉴定原理，加深对有机化合物性质的认识。

（2）掌握某些重要有机化合物的鉴定方法。

3.2.2 实验原理

（1）烯烃的鉴定 烯烃中的碳碳双键（C═C）容易被高锰酸钾溶液氧化，反应中，高锰酸钾溶液的紫红色褪去，生成棕褐色的二氧化锰沉淀。

（2）卤代烃的鉴定 伯、仲、叔三级卤代烃都可与硝酸银溶液反应生成卤化银沉淀，但反应活性不同，可根据出现沉淀的时间来加以区别。

（3）醇的鉴定 伯、仲、叔三级醇都可与卢卡斯试剂作用生成氯代烷和水。由于氯代烷不溶于水，所以反应体系出现浑浊并逐渐分层。三级醇的反应活性不同，出现浑浊的时间也不相同，可据此对它们加以鉴别。

丙三醇与新配制的氢氧化铜沉淀反应，生成绛蓝色溶液，可用于鉴别邻位二元醇。

（4）酚的鉴定 利用酚与溴水作用生成2,4,6-三溴苯酚沉淀的反应鉴定苯酚；利用不同酚类与氯化铁溶液作用发生不同的颜色反应来鉴别酚类。

（5）醛和酮的鉴定 醛和酮都能与2,4 -二硝基苯肼发生缩合反应生成黄色沉淀。可利用这一反应鉴定醛和酮。

醛能与托伦试剂作用，形成银镜，也能与斐林试剂作用，生成氧化亚铜沉淀；苯甲醛不能与斐林试剂反应；酮既不与托伦试剂作用，也不与斐林试剂作用，可利用这两个反应区别醛和酮及苯甲醛。

3.2.3 实验用品[1,2]

试管、烧杯、电炉。

环己烯、正丁醇、仲丁醇、丙三醇、叔丁醇、正丁基氯、仲丁基氯、叔丁基氯、苯酚、α-萘酚、对苯二酚、甲醛溶液（37%）、乙醛溶液（40%）、苯甲醛、丙酮、高锰酸钾溶液（0.1%）、浓硫酸、硝酸银乙醇溶液（1%）、卢卡斯试剂、饱和溴水、氯化铁溶液（1%）、2,4-二硝基苯肼试剂、硝酸银溶液（2%）、氨水（浓）、斐林试剂A、斐林试剂B、硫酸铜溶液（10%）、氢氧化钠溶液（10%）。

3.2.4 实验步骤

（1）烯烃的鉴定 在试管中加入1mL高锰酸钾溶液和2滴浓硫酸，混匀后，边滴加环己烯边振摇试管，观察并记录实验现象。

（2）卤代烃的鉴定 在3支编上号码的试管中分别加入3滴正丁基氯、仲丁基氯和叔丁基氯，再各加入1mL硝酸银乙醇溶液，振摇后静置，观察并记录试管中出现沉淀的时间。约 5min 后，将未出现沉淀的试管放入水浴中加热，观察并记录加热后出现沉淀的时间。

（3）醇的鉴定

① 在三支编有号码的干燥试管中[3]，分别加入 0.5mL 正丁醇、仲丁醇和叔丁醇，再各加入 1mL 卢卡斯试剂，管口配上塞子，振摇片刻后静置，观察并记录试管中出现浑浊的时间。10min 后，将未出现浑浊的试管放入水浴中加热，观察并记录加热后出现浑浊的时间。

② 在试管中加入 1mL 硫酸铜溶液和 1mL 氢氧化钠溶液，混匀后立即出现蓝色的氢氧化铜沉淀。向试管中加入 5 滴丙三醇，振摇后，观察并记录实验现象。

（4）酚的鉴定

① 在试管中加入约 0.1g 苯酚和 2mL 水，振摇使其溶解成为透明溶液。向其中加入 2 滴饱和溴水[4]，观察并记录实验现象。

② 在 3 支编有号码的试管中分别加入 2～3 粒苯酚、α-萘酚和对苯二酚晶体，再分别加入 5 滴氯化铁溶液，振摇后观察并记录各试管中的颜色变化。

（5）醛和酮的鉴别

① 在 4 支试管中各加入 1mL 新配制的 2,4-二硝基苯肼试剂，再分别加入 5 滴甲醛溶液、乙醛溶液、苯甲醛和丙酮，振摇后静置，观察并记录实验现象，描述沉淀的颜色差异。

② 在洁净的试管中加入 3mL 硝酸银溶液，边振摇边向其中滴加浓氨水[5]，开始时出现褐色沉淀，继续滴加氨水，直至沉淀恰好溶解为止。

将此澄清透明的银氨溶液分别装在 3 支编有号码的洁净试管中，再分别加入 5 滴甲醛溶液、苯甲醛和丙酮，振摇后，将试管放入 60～70℃ 水浴中加热约 5min，取出观察并记录实验现象[6]。

③ 在 4 支编有号码的试管中各加入 0.5mL 斐林试剂 A 和 0.5mL 斐林试剂 B，混匀后分别加入 5 滴甲醛溶液、乙醛溶液、苯甲醛和丙酮，充分振摇后，置于沸水浴中加热约 5min，取出观察并记录实验现象[7]。

【注释】

[1] 实验中所用未标明浓度的试剂，如卢卡斯试剂、2,4-二硝基苯肼试剂等。其配制方法见附录 5。

[2] 卢卡斯试剂久置会吸收空气中的水分而失效，氯化铁溶液在空气中容易发生还原反应，因此这些试剂宜在实验前新配制。

[3] 醇与氢卤酸的反应是可逆的。其逆反应是卤烷的水解。如果试管带水，将影响卤烷的生成。因此试管必须干燥，否则将导致实验失败。

[4] 2,4,6-三溴苯酚的溶解度很小，即使在极稀的苯酚溶液中加入溴水也会呈现浑浊。溴水具有氧化性，加入过量时，可将 2,4,6 -三溴苯酚氧化成醌类而呈黄色。

［5］托伦试剂是银氨配合物的碱性溶液。通常是在硝酸银溶液中加入1滴氢氧化钠溶液后再滴加稀氨水至溶液澄清透明。但最近的试验中发现，有时加强碱的托伦试剂进行空白试验加热至一定温度时，试管壁上也能出现银镜。因此本实验中采用不加氢氧化钠而滴加浓氨水的方法，以使实验结果更加可靠。

［6］进行银镜反应的试管必须十分洁净，否则不能使 Ag 附在管壁上，无法形成光亮的银镜，只能产生黑色的单质银沉淀。银镜反应的水浴温度也不宜过高，因为水的沸腾或振动将使附在管壁上的银镜脱落。

实验结束后，应在试管中加入少量硝酸溶液，加热煮沸洗去银镜，以免久置后产生雷酸银。

［7］一般醛将斐林试剂还原成 Cu_2O。甲醛的还原性较强，可将 Cu_2O 进一步还原成单质铜，形成铜镜。

3.2.5　安全提示

（1）托伦试剂久置后会析出具有爆炸性的黑色氮化银（Ag_3N）沉淀，因此需在实验时现配制，不可贮存备用。配制时，切忌加入过量的氨水。否则将生成雷酸银，受热后会引起爆炸，也会使试剂失去灵敏性。

（2）注意：苯酚有毒并有腐蚀性。应避免直接与皮肤接触！硝酸银溶液触及皮肤会立即形成难以洗去的黑色金属银，滴加和振摇试管时应小心操作！

3.2.6　实验前预习的问题

做本实验前，请认真阅读“3.1 常见官能团的性质与鉴定”和《有机化学》教材中的有关内容。

【思考题】

（1）在卤代烃的鉴定中，为什么使用硝酸银的醇溶液，而不用其水溶液？

（2）在醇与卢卡斯试剂作用时，无水氯化锌起什么作用？

（3）在苯酚与溴水的反应中，若出现黄色沉淀，可能是什么原因造成的？

（4）醛与托伦试剂、斐林试剂的反应在酸性介质中进行可以吗？为什么？

3.3　设计实验

3.3.1　目的要求

（1）由学生自选实验题目，利用所学理论知识和实验技术，独立设计实验方案，完成两组未知物的鉴定和一组混合物的分离工作。

（2）实验工作可按下列步骤进行

① 选题。

② 查阅资料。选定题目后，应认真查阅有关文献资料，摘录相关化合物的物理常数、特征性质等。

③ 设计实验方案。根据题目要求，设计出实验的具体方案，包括实验目的、

实验原理和有关反应式、所需仪器和药品、实验步骤和预期结果等。

④ 实施实验。实验方案经指导教师审阅同意后，方可开始实验。实验过程中，应认真观察、及时记录实验现象。

⑤ 总结实验。实验结束后，应及时总结并写出实验报告。对实验中出现的异常现象或操作中的失误，应分析原因，总结教训。

3.3.2 实验内容

(1) 未知物的鉴定

从下列各组化合物中任选两组进行鉴定。

① 苯、甲苯、苯甲醇、苯甲醛、苄基氯。

② 甲醇、甲醛、甲酸、乙醇、乙醛、乙酸。

③ 异丙醇、丙酮、丙醛、丙酸、正丙胺。

④ 苯胺、*N*-甲基苯胺、*N*,*N*-二甲基苯胺、正己胺。

⑤ 尿素、乙酰胺、苯胺、蛋白质、苯酚。

⑥ 葡萄糖、果糖、麦芽糖、蔗糖、淀粉。

(2) 混合物的分离

从下列各组混合物中任选一组进行分离。

① 苯甲酸和环己醇。

② 苯酚和苯甲醇。

③ 苯胺、丙酮和苯。

第4章　有机化合物的制备

【知识目标】

- 了解制备有机化合物的步骤和方法，掌握有机化合物的制备技术。
- 熟悉粗产物的精制原理，掌握其纯化方法。

【技能目标】

- 会安装用于物质制备的回流、分馏等装置，会使用冷凝管和电动搅拌器。
- 能应用萃取、干燥、蒸馏、重结晶等操作技术，会分离各类混合物。

有机化合物的制备是指利用化学方法进行官能团的转换或将较简单的有机物合成较复杂的有机物的过程；也可以是将较复杂的有机物分解成较简单的有机物的过程；以及从天然产物中提取出某一组分或对天然物质进行加工处理的过程。

4.1　有机制备实验的设计方法

要制备一种有机化合物，首先要设计正确的制备路线、合适的反应装置、主要的反应条件。通过一步或多步反应制得的有机物往往是与过剩的反应物料以及副产物等多种物质共存的混合物，还需通过适当的方法进行分离和提纯，才能得到纯度较高的产品。对于制得的产品，可通过测定其主要的物理常数进行定性鉴定。同时还要考虑制备实验过程中产生的废水、废渣与废气（以下简称为“三废”）的处理问题，以避免或减少其对环境的污染。

4.1.1　制备路线的设计

一种有机化合物的制备路线可能有多种，但并非所有的路线都能适用于实验室制备或工业生产。比较理想的制备路线应具备下列条件：①原料资源丰富，便宜易得，生产成本低；②副反应少，产物易纯化，总收率高；③反应步骤少，时间短，能耗低，条件温和，设备简单，操作安全方便；④不产生公害，不污染环境，副产品可综合利用。

在有机化合物的制备过程中，还经常需要应用一些酸、碱及各种溶剂作为反应介质或精制的辅助剂。如能减少这些试剂的用量或用后能够回收，便可节约费用，降低成本。另一方面，制备过程中如能采取必要措施避免或减少副反应的发生及产品纯化过程中的损失，就可有效地提高产品的收率。

总之，设计一条合理的制备路线，根据不同的原料有不同的方法。哪种方法比较优越，需要综合考虑各方面因素，最后确定一个效益较高、切实可行的路线和方法。

4.1.2　反应装置的设计

有机化合物的制备大多是在反应装置中实现的。所以选择合适的反应装置是确保实验顺利进行和成功的重要前提。制备实验的装置是根据制备反应的需要进行设计的。反应条件不同，反应原料和反应产物的性质不同，需要的反应装置也不相同。最常使用的是回流装置。有时为防止生成的产物因长时间受热而发生氧化或分解，还可采用分馏装置，以便将产物从反应体系中及时蒸出。实验者应具备根据不同实验的需求，设计不同反应装置的能力，还应掌握各类反应装置的安装与操作技能以及正确处理装置故障的能力。

4.1.3　反应条件的设计

有机化学反应能否进行，进行到什么程度，这些都是与反应条件密切相关的。实验者只有预先设计出最佳的反应条件，实验过程中又能严格地控制反应条件，才能确保制备实验的成功。反应条件通常包括以下几个方面。

（1）反应物料的摩尔比　根据制备实验的化学反应式，可以深入理解制备反应的原理，还可以从中了解该反应的投料量是等摩尔比，还是某一反应物以过量形式投料。实验者要做到心中有数。

（2）反应温度　许多有机反应是吸热反应。通过外界提供加热升温条件，可以加速反应的进行，温度每升高10℃，反应速率增加1～3倍。所以反应温度的设定与调控是十分重要的。显然，不同的有机反应需设定不同的反应温度。有的实验可给出一个反应温度的范围。实验过程中应通过控制加热强度，避免温度的大起大落，使反应温度始终在设定范围内变化。

（3）反应时间　除了少数化学反应或爆炸性反应以外，一般有机合成反应的时间都比较长，通常要以小时计，有的甚至以天数计。有时，反应时间与加热时间可大致反映有机反应进行的完全化的程度。所以，不要轻易缩短反应时间。

（4）反应介质　有机化学反应一般选用有机溶剂作为反应介质，也有用水作为反应介质。有的选用极性强的溶剂，有的则用极性弱的溶剂，有的是以某一过量的反应物作为溶剂。一般在反应结束的后处理过程中，都要通过蒸馏、分馏或过滤等分离手段除去（或回收）反应介质。

（5）催化剂　对于有机合成实验而言，催化剂在促进反应的进程中所起的作用是十分重要的，但其用量都很少，一般在反应开始前加入，反应结束又要将其除去。要了解该反应的催化剂是什么，用量是多少，何时加入，以及在后处理的哪一步操作中，根据什么原理与方法，将其分离出来。实验中要防止漏加或加入量不够准确等错误。

4.1.4 精制方法的设计

反应结束后生成的主要产物混杂在未反应的原料、溶剂、催化剂与副产物之中，只有经过分离提纯操作，才能将主产物分离出来。不同的合成反应，有不同的分离提纯方法（如蒸馏、分馏、结晶、升华、酸碱中和、萃取、色谱等方法），有的是采用几种方法的结合。

在经过初步分离操作后所得的产品中，一般仍含有少量杂质，通常称之为粗产品。粗产品需要通过精制，做进一步提纯，才能成为合格的产品（或纯品）。固体样品可通过重结晶操作（易挥发的固体样品可用升华操作）而提纯。液体样品可通过蒸馏操作而提纯。

4.1.5 产物结构的确认

作为一个在文献上没有记载的全新的有机化合物的合成，其结构测定工作是比较复杂的。首先要进行产物的反复分离提纯工作，制作纯度很高的产品，在确认没有其他杂质存在的前提下，对产品进行 C、H、O、N、X、S、P 等元素定性和定量分析，测定相对分子质量和其红外光谱、核磁共振谱、质谱，以确定其化学构造式。

根据有机合成实验书中的方法所制备的有机化合物的结构是已知的，它们的结构确认工作，只需要通过测定它们的主要物理常数即可认定。固体化合物可测定熔点与红外光谱，液体化合物可测定沸点、折射率与红外光谱确认其结构。

4.1.6 反应中的“三废”监测

目前有机制备实验、多步制备实验（或综合实验）等，都有废水、废渣或废气排放。本书对于每个合成实验都设置了作相应监测的操作，在相应的实验流程图上均作了标识。在实验的问题作业中，学习者要回答为获取某化合物若干克（或若干毫升）产品的同时，还产生了多少克废渣与多少毫升废水，以树立起从源头治理“三废”的理念。

4.2 环己烯的制备

4.2.1 目的要求

（1）熟悉由环己醇制备环己烯[1]的原理，掌握环己烯的制备方法。

（2）掌握分馏的基本操作技能。

（3）熟悉使用分液漏斗洗涤液体的操作技能。了解并使用干燥剂。

4.2.2 实验原理

本实验采用环己醇在磷酸催化下发生脱水反应制备环己烯。

$$\text{C}_6\text{H}_{11}\text{—OH} \xrightarrow{H_3PO_4} \text{C}_6\text{H}_{10} + H_2O$$

反应中生成的环己烯与水通过分馏柱从反应体系中分出，使化学反应向右移动，以提高产率。

4.2.3 实验用品

圆底烧瓶（100mL）、分馏柱、蒸馏头、直形冷凝管、接引管、温度计。

环己醇 26mL（25g，约 0.25mol）、85%磷酸 10mL（17g，约 0.173mol）、饱和食盐水、无水氯化钙。

4.2.4 实验步骤

（1）加料　在干燥的 100mL 圆底烧瓶中，加入 25g 环己醇[2]，10mL85%磷酸[3]，几粒沸石，充分振荡，使之混合均匀。参照图 2-12 安装分馏装置。

（2）脱水　用小火徐徐升温[4]，使混合物沸腾，慢慢地蒸出含水的浑浊状液体，注意控制分馏柱顶部的温度，不要超过 90℃[5]，直至无馏出液蒸出，烧瓶内有白色烟雾出现，立即停止加热，撤去热源。用量筒测量馏出液中的水层与油层的体积数，并作记录。

（3）分离　将馏出液移入分液漏斗中，静置分层，分离出下面水层[6]。再向分得的油层（留在分液漏斗内）加入等体积的饱和食盐水（约 5mL），摇匀后，静置分层。

（4）干燥　分出水层后，将油层倾入干燥的小锥形瓶中，加入 1～2g 块状无水氯化钙，用磨口塞塞紧，放置 0.5h，待液体澄清透明后，进行蒸馏操作[7]。

（5）蒸馏　将经过干燥后的环己烯，滤入干燥的 25mL 蒸馏烧瓶中，投入数粒沸石，参照图 2-10，安装普通蒸馏装置，在水浴上进行蒸馏[8]，接受器应置于冷水浴中，收集 80～85℃馏分[9]。

（6）称量，计算产率　将接受器中的环己烯倒入已知质量的样品瓶中，用磨口塞塞紧后称量，计算产率。

可测定产物的折射率及红外光谱。

【注释】

[1] 环己烯（cyclohexene） [110-83-8]❶ 无色液体。m. p. －103.5℃。b. p. 82.98℃。ρ=0.8102。n_D^{20}=1.4465。易溶于乙醇、乙醚、丙酮、苯、四氯化碳。不溶于水。能与水形成二元共沸混合物，共沸点 97.8℃（含水 80%）。易燃，燃点 310℃。闪点 12.2℃。空气中容许浓度 1015mg/m³。其红外光谱如图 4-1 所示。

环己烯有多种制备方法，例如环己醇与硫酸共热失水，环己醇蒸气通过 160℃活性氧化铝失水，苯在 Ru-Zn 催化剂作用下脱氢，环己醇在对甲基苯磺酸作用下失水均可制得。

---

❶ 化学物质登录号（化学物质登记号）是美国化学文摘社(CAS)从 1965 年起，对刊登在美国《化学文摘》(Chemical Abstracts，简写为 CA)上的每一个化学物质赋予的由电子计算机编制的编号。登录号由三部分数字组成，各部分之间用短线连接。第一部分为 2～6 位数字，第二部分为 2 位数字，第三部分为 1 位数字。每个化学物质只有 1 个登录号，可视为化学物质的“公民身份证”，具有唯一性，排他性。

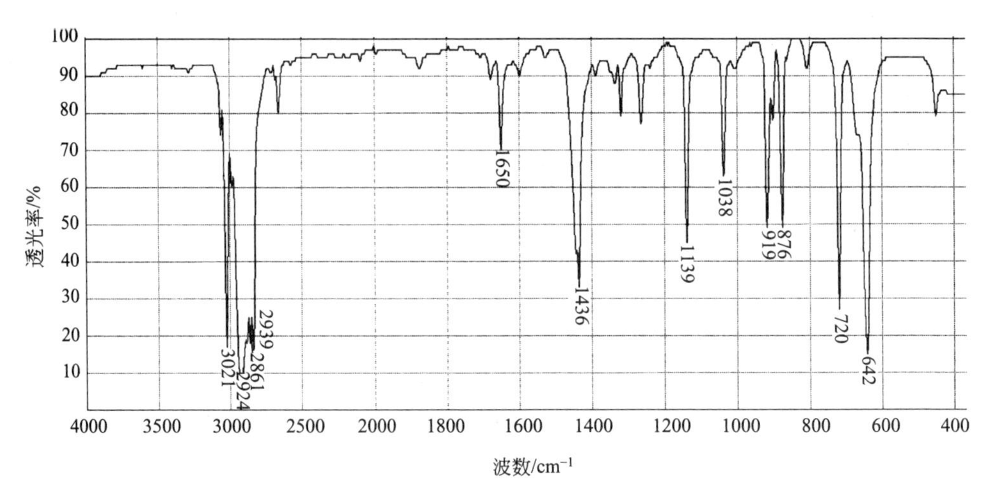

图 4-1 环己烯的红外光谱

[2] 环己醇 (cyclohexanol) [108-93-0] 无色透明油状液体，凝固时呈白色结晶。m. p. 25.15℃，b. p. 161.10℃，ρ=0.9624。n_D^{20}=1.4641。能与乙醇、乙醚、丙酮、氯仿、苯混溶，溶于水，有吸湿性。能与水组成共沸物，共沸点 97.8℃（含水 80%）。易燃，闪点 71.1℃（开杯），67.8℃（闭杯），燃点 385.7℃。空气中容许浓度为 50mg·m^{-3}。由于本品黏性大，采用称量法加料，可减少加料时的误差。

[3] 磷酸 (phosphoric acid) H_3PO_4 [7664-38-2] 无色液体或斜方晶体。ρ=1.834。m. p. 42.35℃。工业品是含有 83%～98% H_3PO_4 的稠厚液体，ρ=1.70。溶于水和乙醇。能吸收空气中的水分。加热到 213℃时。失去部分水转变为焦磷酸，进一步转变为偏磷酸。酸性介于强酸与弱酸之间。

[4] 可选用油浴、空气浴、电热套加热，使加热均匀。

[5] 温度不宜过高，蒸馏速度不宜过快（每 2～3s 流出 1 滴），防止环己醇与水组成的共沸物（恒沸点 97.8℃）蒸馏出来。

[6] 也可用滴管吸去水层，代替分液漏斗操作。如成乳状液，不好分离时，可先加饱和食盐水，摇匀后静置分层，分出水层。

[7] 要确保除水的彻底性，因为残存水与环己烯可形成恒沸点为 70.8℃的共沸物先蒸馏出来，造成产品的损失。干燥剂无水氯化钙先在马弗炉中高温加热处理后再使用，其干燥效果很好。

[8] 进行蒸馏操作，应按照蒸馏实验的要求进行，见图 2-12。

[9] 若在 81℃以下，已经蒸馏出较多的馏液，可将收集的馏液重新干燥后，再进行蒸馏。

4.2.5 安全提示

① 环己烯：有中等毒性，不要吸入其蒸气或触及皮肤。易燃，应远离火源。

② 环己醇：毒性比环己烯强，不要吸入其蒸气或触及皮肤。

③ 磷酸（85%）：强酸，腐蚀性强，属二级无机酸性腐蚀物品，不要溅入眼睛，不要触及皮肤。

4.2.6　实验前预习的问题

（1）填写下列数据

化合物	M_r	m.p./℃	b.p./℃	ρ/(g·cm^{-3})	n_D^{20}	水中溶解度	投料量			理论产量/g
							/mL	/g	/mol	
环己烯							—	—	—	
环己醇										—
85%磷酸			—		—					—

（2）实验前请熟悉如下制备环己烯的操作流程示意图。

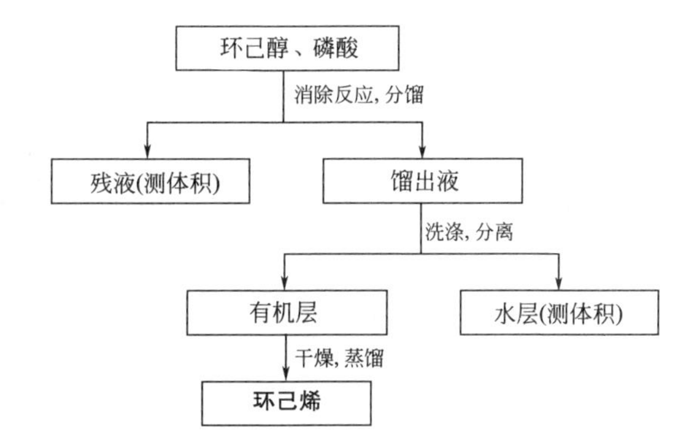

【思考题】

（1）为什么加热时，分馏柱顶部的温度要控制在90℃以内？温度过高，有什么缺点？

（2）分离提纯时，为什么要加入饱和食盐水？

（3）本次实验中，一共排放了多少废水与废渣？你有什么治理方案？

4.3　苯甲酸与苯甲醇的制备

4.3.1　目的要求

（1）熟悉应用康尼查罗反应，从苯甲醛制备苯甲酸与苯甲醇[1]的原理与方法。

（2）掌握搅拌、萃取、蒸馏和减压蒸馏等基本操作技能。

4.3.2　实验原理

不含α-氢原子的脂肪醛、芳醛或杂环醛类在浓碱作用下发生歧化反应，生成相应的羧酸（在碱溶液中生成羧酸盐）和醇。

$$2C_6H_5CHO \xrightarrow{NaOH} C_6H_5COONa + C_6H_5CH_2OH$$

$$C_6H_5COONa + HCl \longrightarrow C_6H_5COOH + NaCl$$

4.3.3　实验用品

烧杯（100mL，250mL）、量筒（50mL）、磨口锥形瓶（150mL）、分液漏

斗、蒸馏烧瓶（100mL）、直形与空气冷凝管（各 1 支）、抽滤瓶、布氏漏斗、热浴、冷浴。

苯甲醛 12mL（12.6g，0.12mol）、氢氧化钠 6.48g（0.16mol）、浓盐酸 40mL（47.6g，1.34mol）、乙醚 30mL、饱和亚硫酸氢钠溶液 5mL、10%碳酸钠溶液 10mL、无水硫酸镁。

4.3.4 实验步骤

（1）歧化反应　在烧杯中加入 11mL 水和 6.48g 固体氢氧化钠，搅拌使之溶解，在冷水浴中冷却至 25℃。量取 12mL 新蒸馏过的苯甲醛[2]，加到 150mL 磨口锥形瓶中，再加入氢氧化钠溶液。用磨口塞将烧瓶塞紧，振摇混合物使之充分混合，形成乳浊液。将混合物在室温静置 24h 或更长时间。反应结束时，应不再有苯甲醛气味。

（2）萃取苯甲醇　向上述反应混合物中加 40～45mL 水，使白色沉淀物溶解，可以稍微温热或搅拌以助溶解。用 30mL 乙醚均分 3 次萃取该溶液（注意：要保存好分出的下层水溶液，供制取苯甲酸用）[3]。合并乙醚提取液，依次用 5mL 饱和亚硫酸氢钠溶液[4]及 10mL 冷水洗涤。洗涤后的乙醚萃取液用无水硫酸镁干燥。

将经过干燥后的乙醚溶液，先在热水浴上加热，蒸出乙醚[5]。然后待蒸馏后剩余液体冷却后，改用空气冷凝管，在石棉网上加热蒸馏，收集 198～204℃的馏液。称量，计算产率。

可测定产物的沸点、折射率及红外光谱。

（3）制取苯甲酸　在 250mL 烧杯中放入 40mL 水和 250g 碎冰，再加入 40mL 浓盐酸搅拌均匀，然后将上述保存的分出的水溶液，在不断搅拌下，以细流状慢慢地加入[6]。冷却至室温后，减压抽滤，滤出苯甲酸粗制品尽量压干，用 5mL 冷水洗涤后，再次抽滤，用滤纸吸干。取出产物经烘干后称重，计算产率。

（4）精制苯甲酸　将粗制苯甲酸加入 250mL 烧杯中，加入 100～150mL 水[7]，加热至沸腾，使固体溶解（若有少量固体未溶解，可逐渐补加少量水）。待溶液冷却、结晶后，进行减压过滤，滤出固体（要记录滤液体积），烘干后称量，计算产率。

可测定产物的熔点及红外光谱。

【注释】

[1] 苯甲醇又名苄醇 benzyl alcohol　$C_6H_5CH_2OH$　[100-51-6]　m. p. 15.3℃。b. p. 205.35℃。ρ=1.0419（20℃/4℃）。n_D^{20}=1.5396。闪点 100.56℃（闭杯），104.4℃（开杯）。燃点 436.11℃。1 份苯甲醇可溶于 40 份水中。溶解于乙醇、乙醚、丙酮、氯仿、苯等。苯甲酸与苯甲醇的红外光谱见图 4-2 和图 4-3。

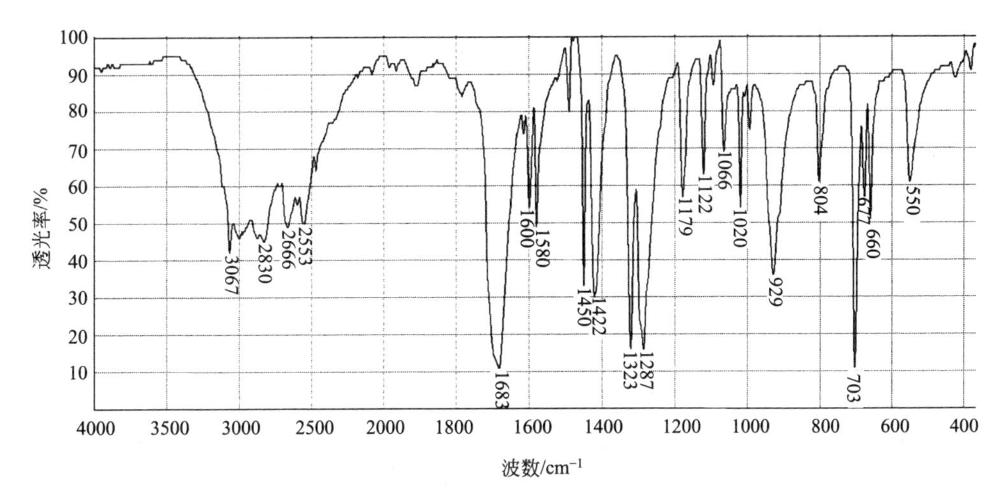

图 4-2　苯甲酸的红外光谱

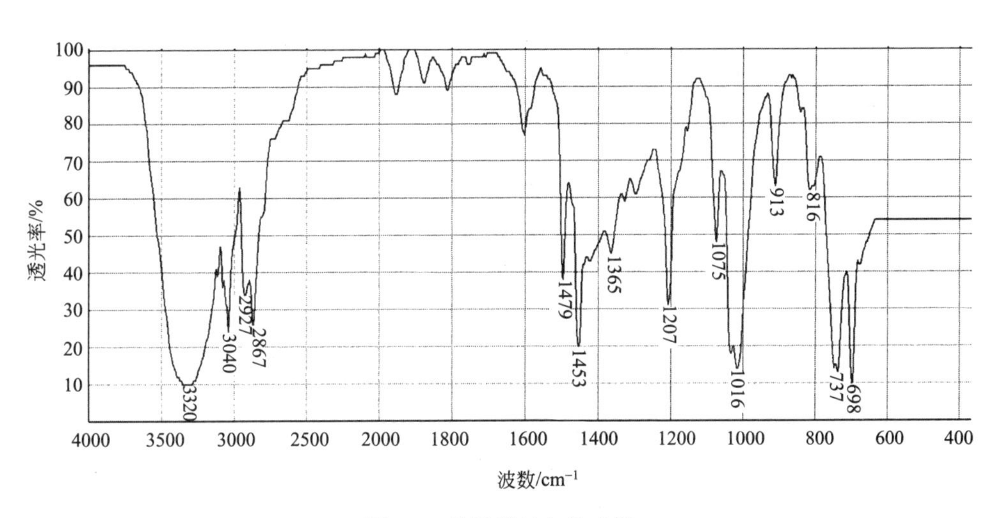

图 4-3　苯甲醇的红外光谱

［2］苯甲醛（benzaldehyde）　—CHO　［100-52-7］　无色或微黄色液体。m. p. 26℃。b. p. 178. 1℃。ρ=1. 0415（15℃/4℃）。n_D^{20}=1. 5463。与乙醇、乙醚、丙酮、苯混溶。微溶于水。能随水蒸气挥发。闪点 64. 44℃（闭杯），73. 89℃（开杯）。燃点 192. 22℃。空气中容许浓度 5mg·m^{-3}。苯甲醛久置后，由于自动氧化而又苯甲酸生成。这不仅影响反应的进行，而且混在产品不易除去。因此本实验中所用的苯甲醛应预先蒸馏，接收 176～180℃馏分。

［3］乙醚（ethyl ether）　$CH_3CH_2OCH_2CH_3$　［60-29-7］　无色透明液体。m. p. －116. 2℃。b. p. 34. 5℃。ρ=0. 7138（20℃/4℃）。n_D^{20}=1. 3542。能与多数有机溶剂相互溶解。乙醚在水中溶解度（25℃）为 6. 9%，水在乙醚中的溶解度（20℃）为 1. 3%。乙醚（98. 8%）与水（1. 2%）组成共沸物，共沸点为 34. 2℃。乙醚极易挥发，易燃，燃点

179.4℃；闪点－40℃（闭杯），－45℃（开杯）。

乙醚萃取苯甲醇形成上层液，下层液水相中含有苯甲酸钠等。

[4] 用于洗去未反应而残存的苯甲醛。

$$C_6H_5{-}CHO + NaHSO_3 \longrightarrow C_6H_5{-}CH(OH)SO_3Na$$

[5] 乙醚是低沸点易燃液体，其蒸馏操作详见 2.8.2。

[6] 盐酸用于将苯甲酸钠酸化为苯甲酸。

$$C_6H_5{-}COONa + HCl \longrightarrow C_6H_5{-}COOH + NaCl$$

[7] 重结晶实际用水量，应视样品多少而有所不同。

4.3.5 安全提示

① 苯甲醇：低毒性。但大量附着皮肤上时，有较强毒性，不要触及皮肤。

② 苯甲醛：低毒性。对神经有麻醉作用，对皮肤有刺激性。不要触及皮肤。

③ 乙醚：有毒。有麻醉性，有刺激性。防止吸入或摄入。易燃，不要接触明火。

④ 氢氧化钠：有强碱性，对人体组织的腐蚀性很大，不要吸入，不要触及皮肤。

⑤ 盐酸：二级无机酸性腐蚀物品。不要触及皮肤与眼睛，不要吸入其气体。

4.3.6 实验前预习的问题

（1）填写下列数据

化合物	M_r	m. p. /℃	b. p. /℃	ρ /(g·cm^{-3})	n_D^{20}	水中溶解度	投料量 /mL	投料量 /g	投料量 /mol	理论产量 /g
苯甲醇							—	—	—	
苯甲酸							—	—	—	
苯甲醛										—
乙醚					—					—

（2）实验前请熟悉如下制备苯甲醇和苯甲酸的操作流程示意图。

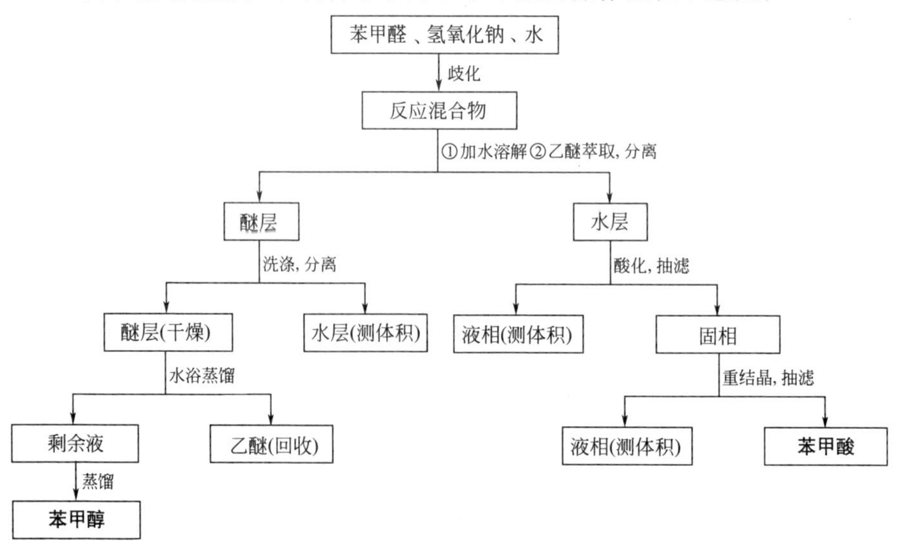

【思考题】

(1) 为什么苯甲醛要使用新蒸馏过的？久置的苯甲醛有何杂质？对反应有何影响？

(2) 用饱和亚硫酸氢钠可以洗涤产品中何种杂质？为什么？

(3) 在本次实验中，一共排放了多少废水与废渣？你有什么治理方案？

4.4 肥皂的制备

4.4.1 目的要求

(1) 了解皂化反应原理及肥皂的制备方法。

(2) 熟悉普通回流装置的安装与操作方法。

(3) 熟悉盐析原理，掌握沉淀的洗涤及减压过滤操作技术。

4.4.2 实验原理

动物脂肪的主要成分是高级脂肪酸甘油酯。将其与氢氧化钠溶液共热，就会发生碱性水解（皂化反应），生成高级脂肪酸钠（即肥皂）和甘油。

在反应混合液中加入溶解度较大的无机盐，以降低水对有机酸盐（肥皂）的溶解作用，可使肥皂较为完全地从溶液中析出。这一过程叫做盐析。利用盐析的原理，可将肥皂和甘油较好地分离开。

本实验中以猪油为原料制取肥皂[1]。反应式如下：

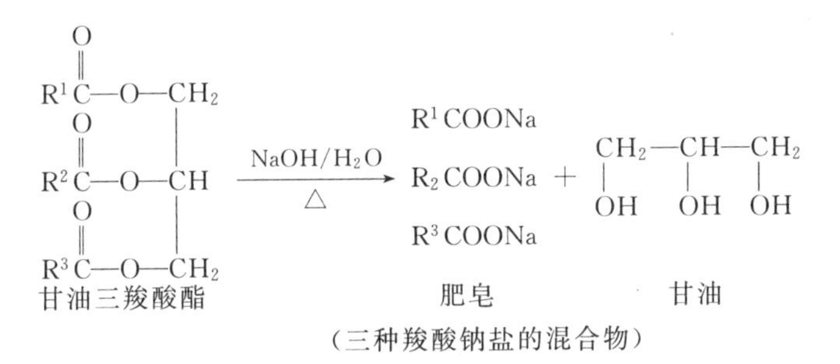

（三种羧酸钠盐的混合物）

4.4.3 实验用品

圆底烧瓶（250mL）、球形冷凝管、烧杯（400mL）、减压过滤装置。

猪油、乙醇（95%）、氢氧化钠溶液（40%）、饱和食盐水。

4.4.4 实验步骤

(1) 加入物料，安装仪器　在250mL圆底烧瓶中加入10g猪油、30mL乙醇[2]和30mL氢氧化钠溶液。然后参照图2-16安装普通回流装置。

(2) 加热皂化　检查装置后，先开通冷却水，再用石棉网小火加热，保持微沸40min。此间若烧瓶内产生大量泡沫，可从冷凝管上口滴加少量1∶1的乙醇（95%）和氢氧化钠（40%）混合液，以防泡沫冲入冷凝管中。

皂化反应结束后[3]，先停止加热，稍冷后再停通冷却水，拆除实验装置。

（3）盐析[4]，过滤　在搅拌下，趁热将反应混合液倒入盛有 150mL 饱和食盐水的烧杯中，静置冷却。

安装减压过滤装置。将充分冷却后的皂化液倒入布氏漏斗中，减压过滤。用冷水洗涤沉淀两次[5]，抽干。

（4）干燥称量　滤饼取出后，随意压制成形，自然晾干后，称量质量并计算产率[6]。

【注释】

[1] 肥皂是人们常用的去污剂，它的制造历史已长达 2000 年之久。其特点是使用后可生物降解（微生物可将肥皂吃掉，转变成二氧化碳和水），不污染环境。但只适宜在软水中使用。在硬水中使用时，会生成脂肪酸钙盐，以凝乳状沉淀析出，而失去去污除垢的能力。

[2] 加入乙醇是为了使猪油、碱液和乙醇互溶，成为均相溶液，便于反应进行。

[3] 可用长玻璃管从冷凝管上口插入烧瓶中，蘸取几滴反应液，放入盛有少量热水的试管中，振荡观察，若无油珠出现，说明已皂化完全。否则，需补加碱液，继续加热皂化。

[4] 肥皂和甘油一起在碱水中形成胶体，不便分离。加入饱和食盐水可破坏胶体，使肥皂凝聚并从混合液中离析出来。

[5] 冷水洗涤主要是洗去吸附于肥皂表面的乙醇和碱液。

[6] 猪油的化学式可表示为：$(C_{17}H_{35}COO)_3C_3H_5$。计算产率时，可由此式算出其摩尔质量。

4.4.5　实验前预习的问题

（1）填写下列数据

化合物	M_r	b. p. /℃	ρ /(g·cm^{-3})	水中溶解度	投料量			理论产量/g
					/mL	/g	/mol	
猪油		—	—				—	—
乙醇							—	—
氢氧化钠溶液	—	—	—	—			—	—
氯化钠溶液	—	—	—	—			—	—
丙三醇							—	
肥皂		—	—		—	—	—	

（2）实验前请熟悉如下制备肥皂的操作流程示意图。

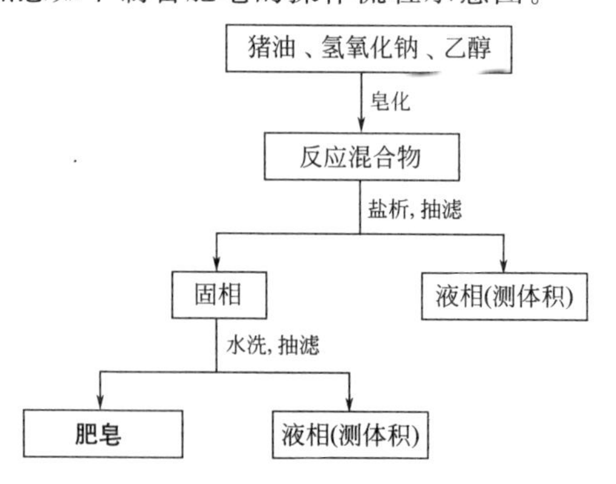

【思考题】

(1) 肥皂是依据什么原理制备的？除猪油外，还有哪些物质可以用来制备肥皂？试列举两例。

(2) 皂化反应后，为什么要进行盐析分离？

(3) 本实验中为什么要采用回流装置？

(4) 废液中含有副产物甘油，试设计其回收方法。

4.5 β-萘乙醚的制备

4.5.1 目的要求

(1) 熟悉威廉逊法制备混醚的原理，掌握β-萘乙醚[1]的制备方法。

(2) 掌握普通回流装置的安装与操作方法，掌握利用重结晶精制固体粗产物的操作技术。

4.5.2 实验原理

卤化物与烃氧负离子作用生成醚的反应，称为威廉逊（Williamson）醚合成。这是合成混醚（醚分子中氧原子两端连接不同烃基）的有效方法。

本实验中，用溴乙烷与β-萘酚钠在乙醇中反应制取β-萘乙醚。反应式如下：

$$C_{10}H_7\text{-}OH + NaOH \longrightarrow C_{10}H_7\text{-}ONa + H_2O$$

β-萘酚　　　　β-萘酚钠

$$C_{10}H_7\text{-}ONa + BrCH_2CH_3 \longrightarrow C_{10}H_7\text{-}O\text{—}CH_2CH_3 + NaBr$$

溴乙烷　　　　β-萘乙醚

4.5.3 实验用品

圆底烧瓶（100mL）、球形冷凝管、烧杯（200mL、400mL）、锥形瓶（100mL）、表面皿、水浴锅、减压过滤装置、电炉与调压器。

β-萘酚 5g（0.043mol）、氢氧化钠 1.8g（0.045mol）、无水乙醇 30mL、溴乙烷 3.2mL（4.67g，0.043mol）。

4.5.4 实验步骤

(1) 威廉逊合成　在干燥的 100mL 圆底烧瓶中，加入 5g β-萘酚[2]、30mL 无水乙醇[3]和 1.8g 研细的氢氧化钠[4]，在振摇下加入 3.2mL 溴乙烷[5]。安装回流冷凝管，见图 2-18。用水浴加热回流 1.5h[6]。

(2) 抽滤分离　稍冷，拆除装置。在搅拌下，将反应混合液倒入盛有 200mL 冷水的烧杯中，冰-水浴冷却后减压过滤。用 20mL 冷水分两次洗涤沉淀。

(3) 重结晶　将沉淀移入 100mL 锥形瓶中，加入 20mL 95%乙醇溶液，装上回流冷凝管[7]在水浴中加热，保持微沸 5min。撤去水浴，待冷却后，拆除装置。将锥形瓶置于冰-水浴中充分冷却后，抽滤。

（4）晾干　滤饼移至表面皿上，自然晾干。

（5）称量，计算产率。

可测定产物的熔点及红外光谱。

【注释】

［1］β-萘乙醚（2-ethoxynaphthalene）　$-OC_2H_5$　［93-18-5］　白色片状结晶。m. p. 37℃。b. p. 282℃。ρ= 1.0640（20℃/20℃）。$n_D^{47.3}$ = 1.5932。溶于醇、醚、氯仿、石油醚、二硫化碳、甲苯，不溶于水。其红外光谱如图 4-4 所示。

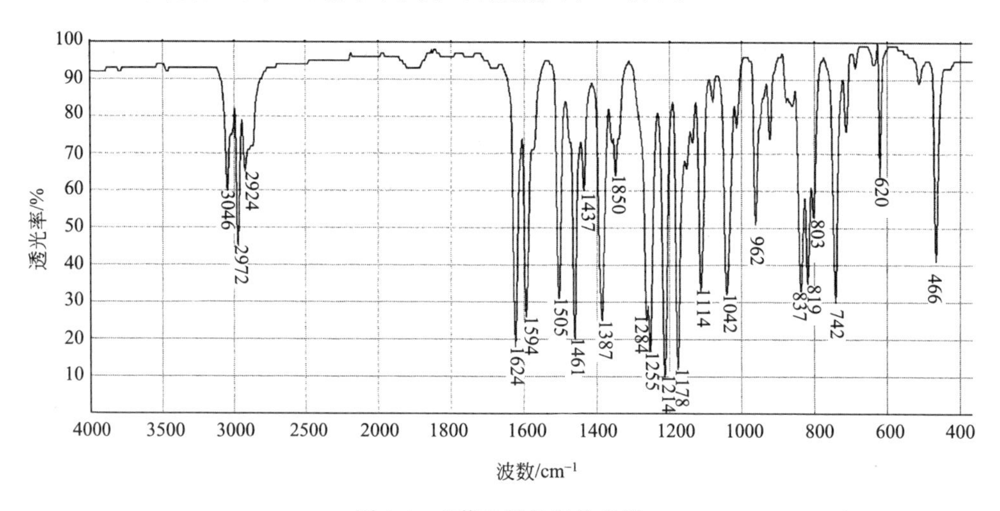

图 4-4　β-萘乙醚的红外光谱

工业上制备β-萘乙醚的方法较多，如β-萘酚与无水乙醇反应、β-萘酚钠与硫酸二乙酯反应及β-萘酚钾与碘乙烷反应制取等。本实验中采用威廉逊合成法，用β-萘酚钠和溴乙烷在乙醇中反应制取β-萘乙醚。

［2］β-萘酚（β-naphthol）　$-OH$　［135-19-3］　无色片状晶体。m. p. 121～123℃。b. p. 285～286℃。1g β-萘酚可溶于 1000mL 水，80mL 沸水，0.8mL 乙醇，17mL 氯仿，1.3mL 乙醚。溶于乙醇、甘油、乙醚、氯仿和苯，难溶于石油醚。加热升华，可在真空中蒸馏，能随水蒸气挥发。闪点 161℃。

［3］乙醇（ethanol）　CH_3CH_2OH　［64-17-5］　m. p. －117.3℃。b. p. 78.5℃。ρ= 0.7893（20℃/4℃）。n_D^{30} = 1.3611。能与水混溶，溶于苯、乙醚、丙酮等。闪点 21.1℃（开杯）。蒸气能与空气形成爆炸性混合物，爆炸极限 3.5%～18.0%（体积分数）。普通乙醇是 95.6%（质量分数）乙醇和 4.4%水形成的共沸混合物（b. p. 78.15℃）。无水乙醇的制法见附录 6。

［4］氢氧化钠（sodium hydroxide）　NaOH　［1310-73-2］　俗称烧碱、火碱。m. p. 318.4℃。b. p. 1390℃。易溶于水，同时强烈放热。溶于乙醇与甘油。有强碱性。易从空气中

吸收二氧化碳。本实验也可用氢氧化钾。

［5］溴乙烷（bromoethane）　CH_3CH_2Br　［74-96-4］　无色透明液体。m. p. －118.6℃。b. p. 38.4℃。ρ＝1.4604（20℃/4℃）。n_D^{20}＝1.4239。能与乙醇、乙醚、氯仿及有机溶剂混溶。微溶于水。易挥发。易燃。闪点－23℃。

［6］水浴温度不宜太高，保持反应混合物微沸即可。否则溴乙烷可能逸出。

［7］乙醇易挥发，所以重结晶操作时应装球形冷凝管。

4.5.5 安全提示

① β-萘酚：有毒，有强刺激性。不要吸入，不要接触皮肤。

② 溴乙烷：有中等毒性，有强刺激性，易燃。不要吸入或接触皮肤，远离明火。

③ 乙醇：有毒。不要吸入其蒸气，一级易燃品。使用时，不要接近明火。

4.5.6 实验前预习的问题

（1）填写下列数据

化合物	M_r	m. p. /℃	b. p. /℃	ρ/(g·cm^{-3})	水中溶解度	投料量			理论产量 /g
						/mL	/g	/mol	
β-萘酚			—	—					—
溴乙烷		—							—
氢氧化钠		—	—	—					—
无水乙醇		—						—	—
乙醇	—	—	—	—	—			—	—
β-萘乙醚			—	—				—	

（2）实验前请熟悉如下制备β-萘乙醚的操作流程示意图。

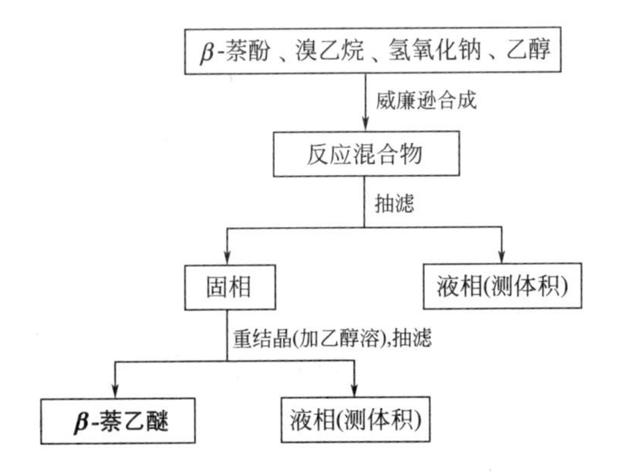

【思考题】

（1）威廉逊合成反应为什么要使用干燥的玻璃仪器？否则会增加何种副产物的生成？

（2）可否用乙醇和β-溴萘制备β-萘乙醚？为什么？

（3）本实验中，加入的无水乙醇起什么作用？

(4) 本实验中，一共排放了多少废水与废渣？你有什么治理方案？

定香剂

日常生活中经常使用的香水、香皂和化妆品等都含有各种各样的香料。有些香料虽然香气宜人，但却容易挥发，放置时间稍长香味就会消失。这时常需加入某种能减缓其挥发速度，使产品在较长时间内保持香气的物质，这种物质称为定香剂。

β-萘乙醚就是这样一种定香剂。由于其具有橙花和洋槐花香味，所以又称橙花醚，是白色片状晶体，熔点为37.5℃，不溶于水，易溶于醇、醚等有机溶剂。常用作玫瑰香、薰衣草香和柠檬香等香精的定香剂，也广泛用于肥皂中作香料。

4.6 乙酰水杨酸的制备

4.6.1 目的要求

(1) 熟悉酚羟基酰化反应的原理，掌握乙酰水杨酸[1]的制备方法。

(2) 熟练掌握普通回流装置的安装与操作，以及利用重结晶精制固体产品的操作技术。

4.6.2 实验原理

本实验以浓硫酸为催化剂，使水杨酸与乙酸酐在约75℃发生酰化反应，制取乙酰水杨酸。反应式如下：

$$\underset{\text{水杨酸}}{o\text{-HOC}_6\text{H}_4\text{COOH}} + \underset{\text{乙酸酐}}{(\text{CH}_3\text{CO})_2\text{O}} \xrightarrow[\text{约 }75^\circ\text{C}]{\text{浓 }H_2SO_4} \underset{\text{乙酰水杨酸}}{o\text{-CH}_3\text{COOC}_6\text{H}_4\text{COOH}} + \underset{\text{乙酸}}{\text{CH}_3\text{COOH}}$$

水杨酸在酸性条件下受热，还可发生缩合反应，生成少量聚合物：

$$\text{HO-C}_6\text{H}_4\text{-COOH} \xrightarrow[\triangle]{H^+} \text{—[O-C}_6\text{H}_4\text{-C(=O)]}_n\text{—} + H_2O$$

乙酰水杨酸可与碳酸氢钠反应生成水溶性的钠盐，作为杂质的副产物则不能与碱作用，可在用碳酸氢钠溶液进行重结晶时分离除去。

4.6.3　实验用品

圆底烧瓶（100mL）、球形冷凝管、烧杯（100mL、200mL）、表面皿、减压过滤装置、水浴锅、电炉与调压器、温度计（100℃）。

水杨酸 4g（0.029mol）、乙酸酐 10mL（10.82g，0.106mol）、浓硫酸 10 滴、饱和碳酸氢钠溶液 50mL、盐酸溶液（1∶2）30mL。

4.6.4　实验步骤

（1）酰化　在 100mL 干燥的圆底烧瓶中加入 4g 水杨酸[2]和 10mL 新蒸馏的乙酸酐[3]，在不断振摇下缓慢滴加 10 滴浓硫酸[4]。参照图 2-18 安装普通回流装置。通水后，振摇烧瓶使水杨酸溶解。然后于水浴中加热，控制水浴温度在80～85℃之间[5]，反应 20min。

（2）结晶、抽滤　稍冷后，拆下冷凝管。将反应液在搅拌下倒入盛有 100mL 冷水的烧杯中，并用冰-水浴冷却，放置 20min。待结晶完全析出后，减压过滤。用少量冷水洗涤结晶两次[6]，压紧抽干。将滤饼移至表面皿上，晾干、称量质量。

（3）重结晶　将粗产物放入 100mL 烧杯中，加入 50mL 饱和碳酸氢钠溶液并不断搅拌，直至无二氧化碳气泡产生为止。

减压过滤，除去不溶性杂质。滤液倒入洁净的 200mL 烧杯中，在搅拌下加入 30mL 1∶2 的盐酸溶液，乙酰水杨酸即呈沉淀析出。将烧杯置于冰-水浴中充分冷却后，减压过滤。用少量冷水洗涤滤饼两次，压紧抽干。

（4）称量、计算收率　将结晶小心转移至洁净的表面皿上，晾干后称量，并计算收率。

可测定产物的熔点及红外光谱。

【注释】

[1] 乙酰水杨酸（acetylsalicylic acid）

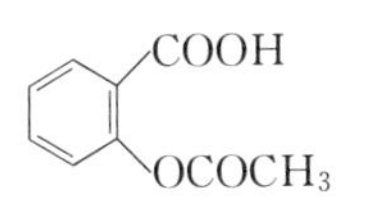

[50-78-2]　白色针状或板状结晶或粉末。熔点 135℃，微带酸味。在干燥空气中稳定，在潮湿空气中缓缓水解成水杨酸和乙酸。能溶于乙醇、乙醚和氯仿，微溶于水。其红外光谱图如图 4-5 所示。

乙酰水杨酸尚有多种其他制法，例如，水杨酸、乙酸酐与浓磷酸或过氯酸反应可制得。将水杨酸溶于吡啶中，滴加乙酰氯，也可制得。

[2] 水杨酸（2-hydroxybenzoic acid）　$C_7H_6O_3$　[69-72-7]　白色针状结晶或粉末。m. p. 159℃。b. p. 约 211℃（2.67kPa）。76℃升华。1g 本品能溶于 460mL 水、15mL 热水、2.7mL 醇、3mL 醚、135mL 苯、52mL 松节油。饱和水溶液的 pH 为 2.4。

[3] 乙酸酐（acetic anhydride）　$(CH_3CO)_2O$　[108-24-7]　无色、有刺激性气味。

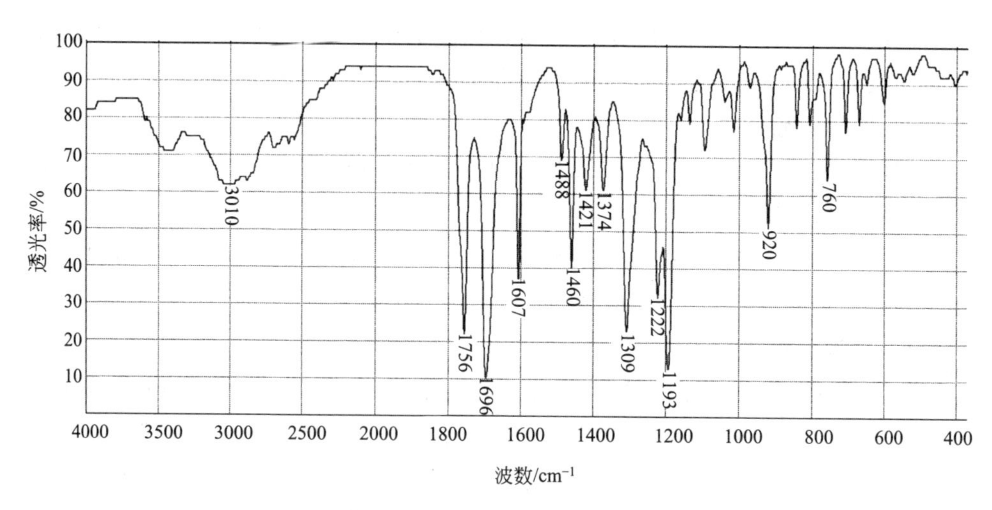

图 4-5　乙酰水杨酸的红外光谱

m. p. -73.1℃。b. p. 139. 5℃。$\rho=1.0820$。$n_D^{20}=1.3901$。微溶于水。能与氯仿、苯、乙酸乙酯等混溶。自燃温度 389℃。空气中爆炸极限 2.67%～10.13%（体积分数）。

[4] 水杨酸分子内能形成氢键，阻碍酚羟基的酰化反应。加入浓硫酸可破坏氢键，使反应顺利进行。

[5] 反应温度不宜过高，否则将会增加副产物的生成。水浴温度与烧瓶内反应液的温度约差 5℃，控制水浴温度 80～85℃，可使反应在 75～80℃进行。

[6] 由于乙酰水杨酸微溶于水，所以洗涤结晶时，用水量要少些，温度要低些，以减少产品损失。

4.6.5　安全提示

① 水杨酸：对皮肤、黏膜有刺激性，能与机体蛋白质反应，有腐蚀作用。

② 乙酸酐：有强烈的刺激性与腐蚀性。防止吸入，避免与皮肤直接接触。

③ 浓硫酸：有毒，腐蚀性强。不要吸入其烟雾，不要触及皮肤。

4.6.6　实验前预习的问题

(1) 填写下列数据

化合物	M_r	m. p. /℃	b. p. /℃	ρ /(g·cm^{-3})	n_D^{20}	水中溶解度	投料量			理论产量/g
							/mL	/g	/mol	
乙酰水杨酸							—	—	—	
水杨酸										—
乙酸酐										—
硫酸										—

(2) 实验前请熟悉如下制备乙酰水杨酸的操作流程示意图。

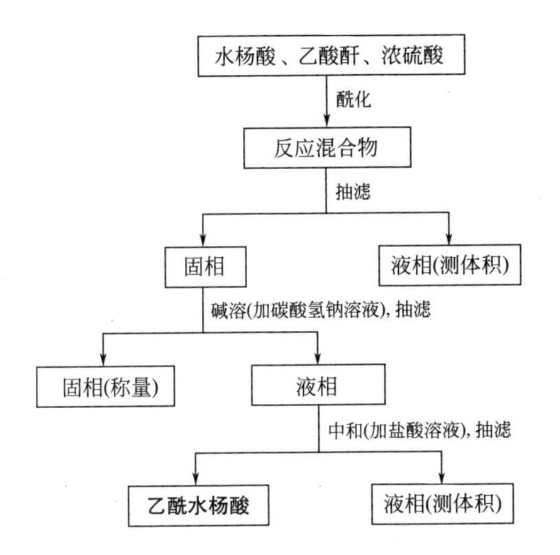

【思考题】

(1) 制备乙酰水杨酸时，为什么需要使用干燥的仪器？

(2) 本实验中，为什么要将反应温度控制在 70～80℃？温度过高对实验会有什么影响？

(3) 用什么方法可简便地检验产品中是否含有未反应完全的水杨酸？

(4) 本次实验中，一共排放了多少废水与废渣？你有什么治理方案？

阿司匹林

早在 18 世纪时，人们就已从柳树中提取了水杨酸，并发现它具有解热、镇痛和消炎作用，但其刺激口腔及胃肠道黏膜。水杨酸可与乙酸酐反应生成乙酰水杨酸，即阿司匹林，它具有与水杨酸同样的药效。近年来，科学家还新发现了阿司匹林具有预防心脑血管疾病的作用，因而得到高度重视。

4.7　甲基橙的制备

4.7.1　目的要求

(1) 熟悉重氮化反应及偶联反应的原理与条件，掌握甲基橙[1]的制备方法。

(2) 熟悉低温操作技术。

(3) 熟练掌握重结晶操作。

4.7.2　实验原理

本实验以对氨基苯磺酸为原料制备重氮盐，后者再与 *N*,*N*-二甲基苯胺在酸性介质中发生偶联反应，制得一种橙黄色染料，称为甲基橙。

大多数重氮盐很不稳定。为防止其在温度高时发生分解，重氮化反应必须在低温和强酸性介质中进行。对氨基苯磺酸因形成内盐在水中溶解度很小，通常先将其制成钠盐，再进行重氮化反应。

（1）重氮化反应

$$H_2N-C_6H_4-SO_3H + NaOH \longrightarrow H_2N-C_6H_4-SO_3Na$$

对氨基苯磺酸　　　　对氨基苯磺酸钠

$$NaO_3S-C_6H_4-NH_2 + NaNO_2 + 3HCl \xrightarrow{0\sim5℃} HO_3S-C_6H_4-N_2Cl + 2NaCl + 2H_2O$$

对重氮苯磺酸盐酸盐

（2）偶联反应

$$HO_3S-C_6H_4-N_2Cl + C_6H_5-N(CH_3)_2 \xrightarrow[0\sim5℃]{CH_3COOH}$$

N,*N*-二甲苯胺

$$[HO_3S-C_6H_4-N{=}N-C_6H_4-NH(CH_3)_2]^+ CH_3COO^-$$

甲基橙乙酸盐

$$[HO_3S-C_6H_4-N{=}N-C_6H_4-NH(CH_3)_2]^+ COO^- + 2NaOH \longrightarrow$$

$$NaO_3S-C_6H_4-N{=}N-C_6H_4-N(CH_3)_2 + CH_3COONa + H_2O$$

甲基橙

4.7.3 实验用品

烧杯（100mL、200mL）、温度计（100℃）、减压过滤装置、表面皿、水浴锅。

对氨基苯磺酸 2.1g（0.0132mol）、亚硝酸钠 0.8g（0.116mol）、5%和 10%的氢氧化钠溶液、*N*,*N*-二甲苯胺 1.3mL（1.24g，0.0105mol）、冰醋酸 1mL、氯化钠 5g、浓盐酸。

4.7.4 实验步骤

（1）重氮化　在 100mL 烧杯中，放入 2.1g 对氨基苯磺酸[2]及 10mL 5%氢氧化钠溶液，在温水浴中加热溶解后冷至室温。

另取 0.8g 亚硝酸钠[3]溶于 6mL 水中，加到上述烧杯中，用冰盐水浴冷至 0～5℃。

在不断搅拌下，将 3mL 浓盐酸与 10mL 水配成的溶液缓慢滴加到上述混合液中。此间应注意控制反应液温度在 5℃以下[4]（可用温度计间歇测温[5]）。滴加完毕，用淀粉-碘化钾试纸检验反应终点[6]。然后在冰盐水浴中继续搅拌 15min，以保证反应完全[7]。

（2）偶联　在试管中加入 1.3mL *N*,*N*-二甲苯胺[8]和 1mL 冰醋酸，振荡混匀。在不断搅拌下，将此溶液缓慢加到上述冷却的重氮盐溶液中（此间应始终保持低温操作）。继续搅拌 10min，然后慢慢加入 25mL 10%氢氧化钠溶液，此时反应液变为橙红色，粗甲基橙呈细粒状沉淀析出。

（3）盐析、抽滤　将烧杯从冰盐水浴中取出恢复至室温。加入 5g 氯化钠，搅拌并于沸水浴中加热 5min，冷至室温后再置于冰水浴中冷却。

待甲基橙晶体析出完全后，抽滤。用少量饱和氯化钠溶液洗涤烧杯和滤饼，压紧抽干。

（4）重结晶　将上述粗产物用沸水进行重结晶（每克粗产物约需 25mL 水）。

待结晶析出完全后，抽滤。滤饼依次用少量无水乙醇、乙醚进行洗涤[9]，压紧抽干。产品转移至表面皿上，于 50℃以下自然晾干，称量质量，并计算产率。

（5）性能试验　取少许产品溶解于水中，先加几滴稀盐酸溶液，再用稀氢氧化钠溶液中和。观察溶液颜色变化，记录实验现象。

【注释】

[1] 甲基橙 （methyl orange）　$NaO_3S-C_6H_4-N{=}N-C_6H_4-N(CH_3)_2$　[547-58-0]

橙黄色粉末或结晶状鳞片。易溶于热水，几乎不溶于醇。是常用的酸碱指示剂。其红外光谱见图 4-6。

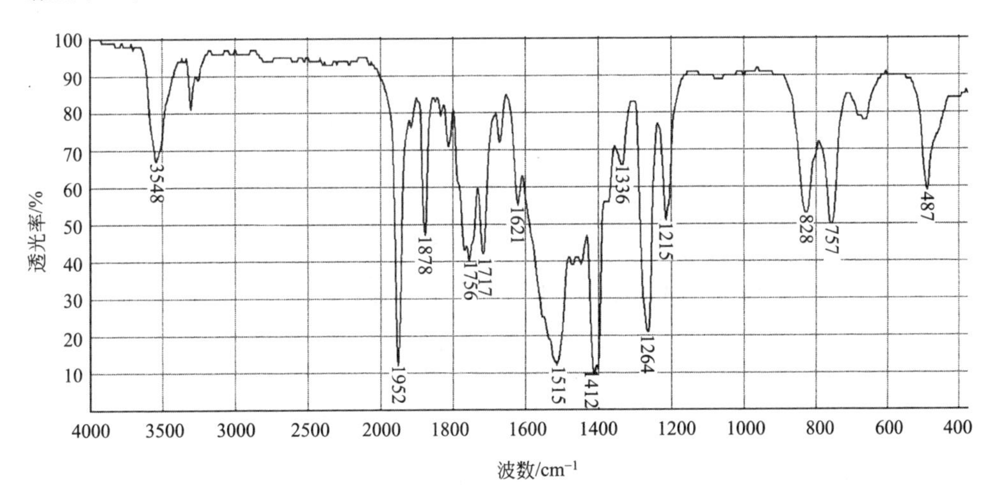

图 4-6　甲基橙的红外光谱

[2] 对氨基苯磺酸（*p*-aminobenzene sulfonic acid）　$H_2N-C_6H_4-SO_3H$　[121-57-3]

白色或灰色结晶。无水物在 280℃开始分解碳化。水合物在 100℃时失去水分。ρ=1.485。微溶于冷水。不溶于乙醇、乙醚和苯。它是两性化合物，酸性比碱性强，以酸性内盐存在。

[3] 亚硝酸钠（sodium nitrite）　$NaNO_2$　[7632-00-0]　m. p. 271℃。在 320℃分解。ρ=2.168（0℃/4℃）。极易溶解于水，难溶解于乙醇、乙醚。水溶液呈碱性。

[4] 重氮化和偶联反应都需在低温下进行，这是本实验成败的关键所在。因此整个反应过程中，盛装反应液的烧杯始终不能离开冰盐水浴。滴加前可将此盐酸溶液冷却至5℃以下，以利控制反应温度。

[5] 用温度计间歇测温时，可暂停搅拌，以免温度计与搅拌棒碰撞而损坏。不能用温度计代替搅拌棒。

[6] 若试纸不显蓝色，需补加亚硝酸钠，并充分搅拌，至淀粉-碘化钾试纸刚显蓝色，可视为反应终点。

[7] 此时往往有晶体析出。这是由于重氮盐在水中电离而形成内盐（$^{-}O_3S-C_6H_4-\overset{+}{N}\equiv N$），在低温下难溶于水所致。

[8] *N*,*N*-二甲苯胺（*N*,*N*-dimethylaniline） $C_6H_5-N(CH_3)_2$ [121-69-7] 淡黄色油状液体。m. p. 2. 45℃，b. p. 194℃，$\rho=0.9557$，$n_D^{20}=1.5582$，闪点62℃。溶于乙醇、丙酮、苯、氯仿和乙醚，微溶于水。能随水蒸气挥发。

[9] 用无水乙醇、乙醚洗涤可使产品快速干燥。重结晶操作应迅速，否则由于产物呈碱性，在温度高时易使产物变质，颜色变深。

4.7.5 安全提示

① *N*,*N*-二甲苯胺：剧毒。不要吸入，不要触及皮肤。

② 亚硝酸钠：有致癌性。防止吸入，防止与皮肤接触。

4.7.6 实验前预习的问题

(1) 填写下列数据

化合物	M_r	m. p. /℃	b. p. /℃	ρ /(g·cm^{-3})	n_D^{20}	水中溶解度	投料量 /mL	/g	/mol	理论产量/g
甲基橙							—	—	—	
N,*N*-二甲苯胺										—
对氨基苯磺酸										—

(2) 实验前请熟悉如下制备甲基橙的操作流程示意图。

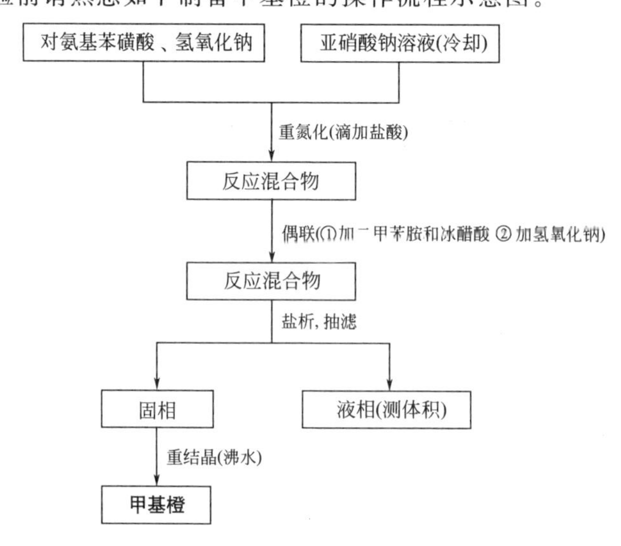

【思考题】

(1) 重氮化反应为什么要在低温、强酸介质中进行?

(2) 本实验中制备重氮盐时，为什么要把对氨基苯磺酸先变成钠盐?

(3) 重氮盐的偶联反应是在什么介质中进行的? 为什么?

(4) 洗涤滤饼时，为什么要用饱和食盐水?

(5) 本次实验中，一共排放了多少废水与废渣，你有什么治理方案?

合成染料

染料是一种有色化合物，对天然或人造纤维具有较强的亲和力。早在远古时，人类就已知道使用染料。

1856 年前所用的染料全部来自天然资源，但天然染料颜色种类较少，色泽不够鲜艳，于是人们开始研究人工合成染料。英国化学家 Perkin 的意外发现，为发展合成染料工业打开了大门。他用重铬酸钾氧化苯胺硫酸盐时，生成黑色沉淀，后者用乙醚萃取，可得到-种漂亮的紫色物质，经实验证实该紫色物质的溶液可以作为纺织物的优良染料。这就是后来以“苯胺紫”闻名于世的第一个合成染料。不久，法国成功地合成了副品红、孔雀绿和结晶紫等三苯甲烷染料，随后人们又制取了茜素、靛蓝和偶氮染料，使染料工业发生了一场革命。

现今合成染料中品种最多、用量最大的是偶氮染料。它们都具有 ArN＝NAr/基本结构，根据其性能不同可分为酸性染料、碱性染料、直接染料、媒染染料、活性染料和分散染料等。偶氮染料颜色齐全，色泽鲜艳，广泛用于棉、毛、丝、麻织品以及塑料、橡胶、食品和皮革等产品的染色。

*4.8　1-溴丁烷的制备

4.8.1　目的要求

(1) 熟悉由醇制备溴代烷的原理，掌握 1-溴丁烷[1]的制备方法。

(2) 掌握带有气体吸收的回流装置的安装与操作。

(3) 进一步熟悉干燥剂的使用，掌握利用萃取和蒸馏精制液体粗产物的操作技术。

4.8.2　实验原理

主反应

$$NaBr + H_2SO_4 \longrightarrow HBr + NaHSO_4$$

$$C_4H_9OH + HBr \underset{\triangle}{\overset{H_2SO_4}{\rightleftharpoons}} C_4H_9Br + H_2O$$

副反应

$$C_4H_9OH \xrightarrow[\triangle]{H_2SO_4} CH_3CH_2CH=CH_2 + 2H_2O$$

$$2C_4H_9OH \xrightarrow[\triangle]{H_2SO_4} (C_4H_9)_2O + H_2O$$

$$2HBr + H_2SO_4 \xrightarrow{\triangle} Br_2 + SO_2\uparrow + 2H_2O$$

醇与氢溴酸的反应是可逆的，为使化学平衡向右移动，提高产率，本实验中增加了溴化钠和硫酸用量，以使反应物之一氢溴酸过量来加速正反应的进行。

溴代反应结束后，利用蒸馏的方法将产物从反应混合液中分出，副产物硫酸氢钠及过量的硫酸则留在残液中。粗产物中含有未反应完全的正丁醇、氢溴酸及副产物正丁醚等，可通过水洗和酸洗分离除去，而1-丁烯则因沸点特别低（−6.26℃），在回流过程中不能被冷凝而逸散除去。

由于反应中逸出的溴化氢气体有毒，所以本实验中采用了带有气体吸收的回流装置。

4.8.3 实验用品

圆底烧瓶（250mL）、球形冷凝管、玻璃漏斗、分液漏斗、蒸馏头、直形冷凝管、接液管、温度计（200℃）、烧杯、锥形瓶、电热套。

正丁醇13mL（10.5g，0.142mol）、无水溴化钠17g（0.165mol）、浓硫酸、10%碳酸钠溶液、无水氯化钙、沸石。

4.8.4 实验步骤

（1）溴代　在250mL圆底烧瓶中加入70%的硫酸溶液35mL，振摇下加入13mL正丁醇[2]，混匀后再加入17g研细的溴化钠[3]和几粒沸石。充分振摇后立刻装上球形冷凝管及气体吸收装置（参照图2-19）。用200mL烧杯盛放100mL 5%氢氧化钠溶液作吸收液（注意：漏斗口要接近液面而不能浸入液面下）。

用电热套（或石棉网）加热，缓慢升温，使反应液呈微沸。此间应经常轻轻振摇烧瓶，直至溴化钠完全溶解。从第一滴回流液落入反应器中开始计算时间，回流1h。

（2）蒸馏　停止加热（但不停冷却水）。待稍冷后拆除气体吸收装置及冷凝管。补加沸石后，在烧瓶上安装蒸馏头（可不装温度计，将蒸馏头上口用塞子塞上），改为蒸馏装置，加热蒸馏，用锥形瓶接收馏出液。

当圆底烧瓶内油层消失，接受器中不再有油珠落下时[4]，停止蒸馏。烧瓶中的残液应趁热倒入废液缸中[5]。

(3) 水洗　将蒸出的粗 1-溴丁烷倒入分液漏斗中，用 15mL 水洗涤[6]，小心地将下层粗产物放入一个干燥的锥形瓶中。

(4) 酸洗　在不断振摇下，向盛有粗产物的锥形瓶中滴加 3～5mL 浓硫酸[7]，至溶液明显分层且上层液澄清透明（此间若瓶壁发热，可置冷水中冷却）。将此混合液倒入干燥的分液漏斗中，静置分层后，仔细地分去下层酸液[8]。

(5) 水洗、碱洗、水洗　分液漏斗中的有机层依次用 10mL 水、15mL 10% 碳酸钠溶液、10mL 水洗涤后，将下层液放入一干燥的锥形瓶中。

(6) 干燥　向盛有粗产物的锥形瓶中加入 2g 无水氯化钙，配上塞子。充分振摇至液体变为澄清透明（若不透明，应适量补加干燥剂），再放置 20min。

(7) 蒸馏　将干燥好的液体通过漏斗滤入圆底烧瓶中，加入几粒沸石，按照图 2-12 安装普通蒸馏装置，加热蒸馏。用事先称量过质量的锥形瓶作接受器，收集 99～103℃馏分。称量质量，并计算产率。

【注释】

[1] 1-溴丁烷（1-bromobutane）　$CH_3CH_2CH_2CH_2Br$　[109-65-9]　无色液体。b. p. 101.6℃。ρ=1.2758（20℃/8℃）。n_D^{20}=1.4401。溶于乙醇、乙醚、丙酮、氯仿，不溶于水。易燃，闪点 18℃。空气中容许浓度 0.7mg/m³。1-溴丁烷的红外光谱见图 4-7。它可用于生产染料和香料。

1-溴丁烷的其他制法有：由正丁醇、红磷、黄磷与溴反应而制得。从正丁醇与三溴化磷反应制取。从正丁醇与浓氢溴酸或发烟氢溴酸反应制取。从正丁醇与氢溴酸水溶液反应制取。

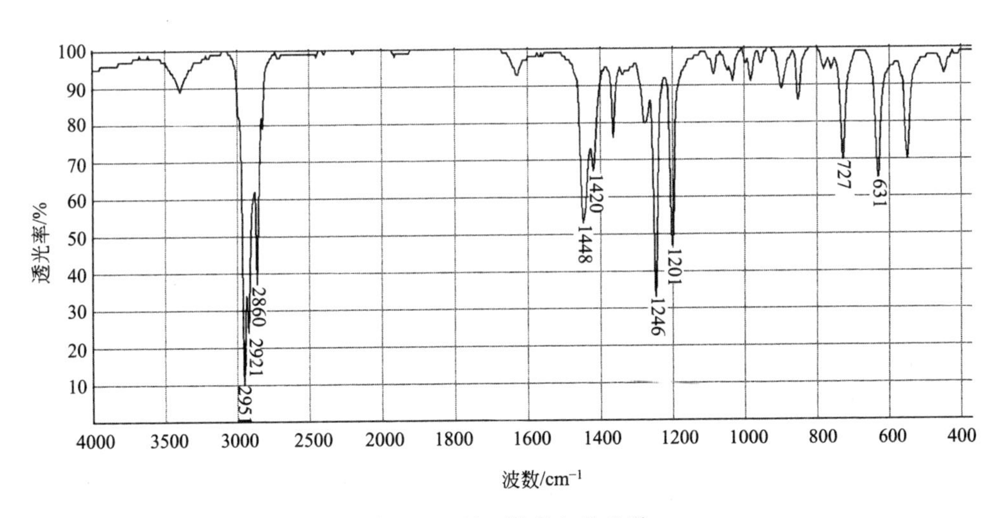

图 4-7　1-溴丁烷的红外光谱

[2] 正丁醇（butanol）　$CH_3CH_2CH_2CH_2OH$　[71-36-3]　无色透明液体。m. p. −89.5℃。b. p. 117.2℃。d_4^{20}=0.8098。n_D^{20}=1.3993。溶于乙醇、乙醚、丙酮、苯，微溶于水。与水可形成共沸物，共沸点 92℃（含水量 37%）。易燃，燃点 343℃；闪点 28.89℃（闭

杯)，36.1℃（开杯）。空气中爆炸极限 1.4%～11.2%。空气中容许浓度 150mg·m^{-3}。

［3］溴化钠（sodium bromide） NaBr ［7647-15-6］ m. p. 747℃。b. p. 1390℃。ρ= 3.203（25℃/4℃）。在水中的溶解度为 116(50℃)，121(100℃)。NaBr·$2H_2O$ d_4^{25}=2.176，水中溶解度为 79.5（0℃），118.6（50.5℃），在乙醇中为 2.31（25℃），甲醇中为 17.42（15℃）。NaBr·$2H_2O$ 在 51℃分解，由 15～20℃的水溶液中结晶分出，高于 30℃则成无水物析出，置于硫酸或氯化钙上干燥，也易失去结晶水。在本实验中，若用 NaBr·$2H_2O$，则在计算加水量时，应将结晶水计算在内。

［4］可取一支试管，收集几滴馏出液，加入少许水摇动，如无油珠出现，则表示有机物已蒸完。

［5］残液中的硫酸氢钠冷却后会结块，不易倒出。所以要趁热将其倾出，并及时清洗烧瓶。

［6］用水洗去溶解在溴丁烷中的溴化氢。否则滴加浓硫酸后，溶液会变成红色并有白烟产生，这是由于浓硫酸与溴化氢发生了氧化还原反应：

$$2HBr + H_2SO_4 \longrightarrow Br_2 + SO_2\uparrow + 2H_2O$$

［7］硫酸（sulfuric acid） H_2SO_4 ［7064-93-9］ 纯品是无色油状液体。98.3%硫酸的相对密度为 1.834。m. p. 10.49℃。b. p. 338℃。340℃时分解。工业品若含有杂质，则呈黄、棕等色。有强烈吸水作用与氧化作用。与水猛烈结合同时放出大量的热。使棉麻织物、木材、纸张等碳水化合物剧烈脱水而炭化。

［8］用浓硫酸洗去粗产物中少量未反应完全的正丁醇和副产物正丁醚等杂质。浓硫酸具有较强的氧化性和腐蚀性，所以该酸层不能随意倒入下水道，应倒入指定的废液缸中。

4.8.5 安全提示

① 1-溴丁烷：易燃，不要接近明火。有毒，不要吸入其蒸气或触及皮肤。

② 正丁醇：其毒性与乙醇相近，不要吸入其蒸气或触及皮肤。二级易燃品，避免与明火接触。

③ 浓硫酸：有毒，腐蚀性强，一级无机酸性腐蚀品。不要吸入其烟雾，不要触及皮肤。配取硫酸水溶液时，一定要注意加料次序，将硫酸滴加到水中。浓硫酸不得与粉状可燃物相接触，以免发生燃烧事故。

4.8.6 实验前预习的问题

（1）填写下列数据

化合物	M_r	m. p. /℃	b. p. /℃	ρ/(g·cm^{-3})	n_D^{20}	水中溶解度	投料量		理论产量 /g
							/g	/mol	
1-溴丁烷							—	—	
正丁醇									—
浓硫酸					—				—
溴化钠					—				—

（2）实验前请熟悉如下制备 1-溴丁烷的操作流程示意图。

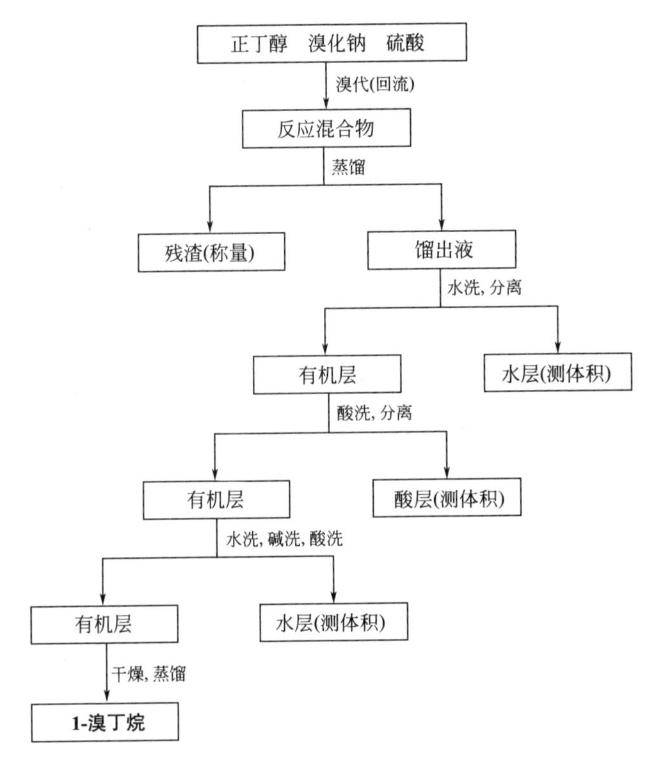

【思考题】

（1）在加料时，如先加溴化钠与浓硫酸，后加正丁醇和水，会发生什么问题？

（2）为什么要安装气体吸收装置？主要吸收什么气体？

（3）在计算理论产率时，应取哪一个物质作为计算的基准？

（4）馏液在用浓硫酸洗涤后，不是先用 10% Na_2CO_3 溶液洗涤，而是先经过水洗涤后，再用 10% Na_2CO_3 溶液洗涤，这是为什么？

（5）在实验中，一共排放了多少废水与废渣？你有什么治理方案？

4.9　乙酸异戊酯的制备

4.9.1　目的要求

（1）熟悉酯化反应原理，掌握乙酸异戊酯[1]的制备方法。

（2）掌握带有分水器的回流装置的安装与操作。

（3）熟练掌握利用萃取与蒸馏精制液体有机物的操作技术。

4.9.2　实验原理

本实验采用冰醋酸和异戊醇在浓硫酸催化下发生酯化反应制取乙酸异戊酯。

反应式如下：

$$CH_3C(=O)OH + CH_3CH(CH_3)CH_2CH_2OH \xrightleftharpoons{H^+,\triangle} CH_3C(=O)OCH_2CH_2CH(CH_3)CH_3 + H_2O$$

乙酸　　　　异戊醇　　　　乙酸异戊酯

由于酯化反应是可逆的，本实验中除了让反应物之一冰醋酸过量外，还采用了带有分水器的回流装置，使反应中生成的水被及时分出，以破坏平衡，使反应向正方向进行。

反应混合物中的硫酸、过量的乙酸及未反应完全的异戊醇，可用水进行洗涤；残余的酸用碳酸氢钠中和除去；副产物醚类在最后的蒸馏中予以分离。

4.9.3 实验用品

圆底烧瓶（100mL）、球形冷凝管、分水器、蒸馏头、直形冷凝管、接液管、分液漏斗（100mL）、锥形瓶（100mL）、温度计（200℃）、电热套（或油浴锅）。

冰醋酸 24mL（21.61g，0.351mol）、异戊醇 18mL（14.6g，0.16mol）、浓硫酸 2.5mL、10%碳酸氢钠溶液 20mL。

4.9.4 实验步骤

（1）酯化　在干燥的 100mL 圆底烧瓶中，加入 18mL 异戊醇[2]、24mL 冰醋酸，振摇下缓慢加入 2.5mL 浓硫酸，再加入几粒沸石。参照图 2-20 安装带有分水器的回流装置。分水器中事先充水至比支管口略低处，并放出比理论出水量稍多些的水[3]。用电热套或甘油浴加热回流，至分水器中水层不再增加为止[4]。反应约需 1.5h。

（2）洗涤　撤去热源，稍冷后拆除回流装置。待烧瓶中反应液冷至室温后，将其倒入分液漏斗中（注意勿将沸石倒入!），用 30mL 冷水淋洗烧瓶内壁，洗涤液并入分液漏斗。充分振摇，静置。待液层分界清晰后，移去顶塞（或将塞孔对准漏斗孔），缓慢旋开旋塞，分去水层。有机层用 20mL 10%碳酸氢钠溶液[5]分两次洗涤。最后再用饱和氯化钠溶液[6]洗涤一次[7]。分去水层，有机层由分液漏斗上口倒入干燥的锥形瓶中。

（3）干燥　向盛有粗产物的锥形瓶中加入 2g 无水硫酸镁[8]，配上塞子，振摇至液体澄清透明[9]，放置 20min。

（4）蒸馏　参照图 2-12 安装一套干燥的普通蒸馏装置。将干燥好的粗酯小心地滤入烧瓶中，放入几粒沸石，用电热套（或甘油浴）加热蒸馏，用干燥并事先称量其质量的锥形瓶收集 138～142℃馏分。

（5）称量产品的质量，计算产率。

可测定产物的折射率与红外光谱。

【注释】

［1］乙酸异戊酯（isoamylacetate）　$CH_3C(=O)—OCH_2CH_2CH(CH_3)_2$　［123-92-2］无色透明液体。m. p. −78℃。b. p. 142℃。ρ=0. 8670（20℃/4℃）。n_D^{20}=1. 4003。闪点 25℃。难溶于水。能与乙醇、戊醇、乙酸乙酯、乙醚、苯和二硫化碳任意混溶。其红外光谱见图 4-8。

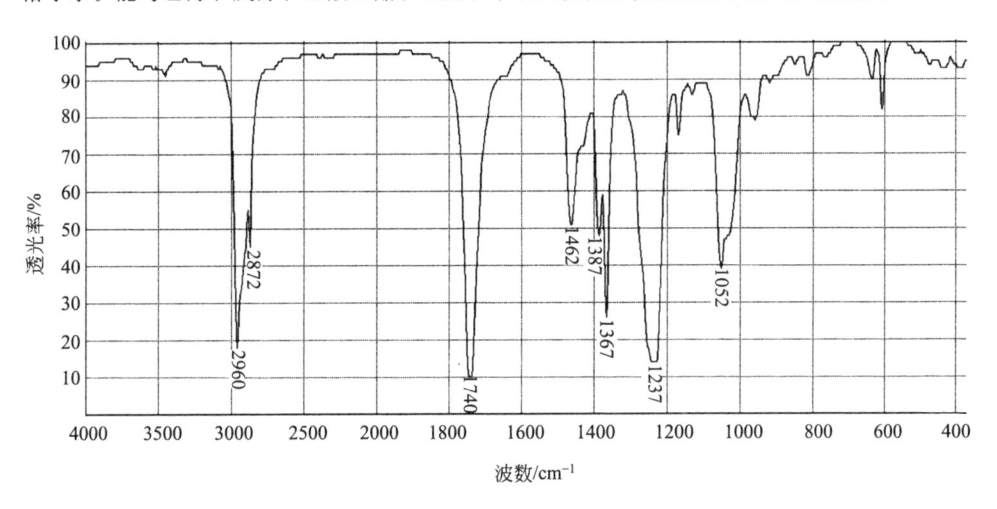

图 4-8　乙酸异戊酯的红外光谱

酯类的制备方法有多种，如醇的酯化、醇的酰化及腈的醇解等。

［2］异戊醇（isopentanol）　$(CH_3)_2CHCH_2CH_2OH$　［123-51-3］无色油状液体。m. p. −117℃。b. p. 132℃。ρ=0. 8092。微溶于水，与乙醇、乙醚混溶。

［3］分水器内充水是为了使回流液在此分层后，上面的有机层能顺利地返回反应容器中。

［4］可根据分出水量初步估计酯化反应进行的程度。

［5］碳酸氢钠（sodium bicarbonate）　$NaHCO_3$　［144-55-8］酸性碳酸钠，重碳酸钠或小苏打。白色单斜晶体。ρ=2. 20。在热空气中能缓缓失去一部分二氧化碳，加热至 270℃失去全部二氧化碳。可用于清凉饮料、灭火剂等的原料。

［6］氯化钠（sodium chloride）　NaCl　［7647-14-5］食盐的主要成分。m. p. 801℃。b. p. 1413℃。ρ=2. 165（25℃/4℃）。有杂质存在时潮解。溶于水和甘油，难溶于乙醇。

［7］加饱和食盐水有利于有机层与水层快速、明显地分层。

［8］硫酸镁（magnesium sulfate）　$MgSO_4$　［7487-88-9］医药上俗称泻药。无色或白色易风化的晶体或白色粉末。m. p. 1124℃，同时分解。ρ=2. 66。溶于水、甘油和乙醇。

［9］若液体仍浑浊不清，需适量补加干燥剂。

4. 9. 5　安全提示

异戊醇：蒸气有毒，有刺激性，不要吸入，不要与皮肤接触。

4.9.6 实验前预习的问题

(1) 填写下列数据

化合物	M_r	m. p. /℃	b. p. /℃	ρ/(g·cm^{-3})	n_D^{20}	水中溶解度	投料量			理论产量/g
							/mL	/g	/mol	
乙酸异戊酯							—	—	—	
乙酸										—
异戊醇										—
浓硫酸					—					—

(2) 实验前请熟悉如下制备乙酸异戊酯的操作流程示意图。

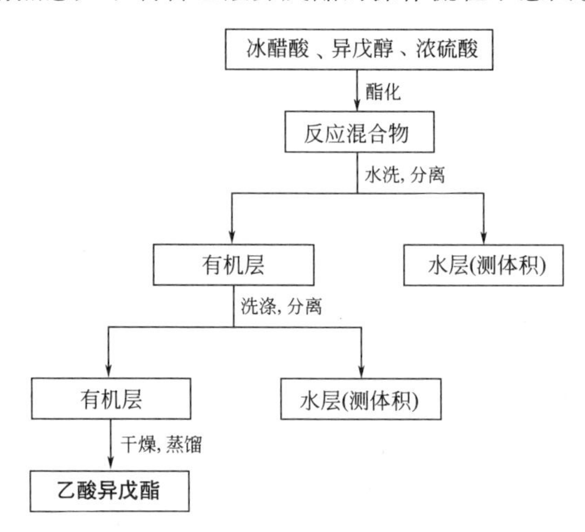

【思考题】

(1) 制备乙酸异戊酯时，回流和蒸馏装置为什么必须使用干燥的仪器？

(2) 碱洗时，为什么会有二氧化碳气体产生？

(3) 在分液漏斗中进行洗涤操作时，粗产品始终在哪一层？

(4) 酯化反应时，可能会发生哪些副反应？其副产物是如何除去的？

(5) 酯化反应时，若实际出水量超过理论出水量，可能是什么原因造成的？

(6) 在本实验中，一共排放了多少废水与废渣？你有什么治理方案？

酯类

酯类广泛地分布于自然界中。花果的芳香气味大多是由于酯的存在而引起的，许多昆虫信息素的主要成分也是低级酯类。乙酸异戊酯就存在于蜜蜂的体液内。蜜蜂在叮刺入侵者时，随毒汁分泌出乙酸异戊酯作为响应信息素，使其他同伴“闻信”而来，对入侵者群起攻之。乙酸异戊酯也是一种香精，因具有令人愉快的香蕉气味，又称作香蕉油。

4.10　乙酸乙酯的制备

4.10.1　目的要求

（1）掌握应用酯化反应原理制备乙酸乙酯[1]的方法。

（2）掌握用于制备反应的分馏装置的安装与操作技术。熟练掌握滴液漏斗的使用技术。

4.10.2　实验原理

主反应　$CH_3COOH + C_2H_5OH \xrightleftharpoons[H_2SO_4]{120\sim125℃} CH_3COOC_2H_5 + H_2O$

副反应　$2C_2H_5OH \xrightarrow{H_2SO_4} C_2H_5OC_2H_5 + H_2O$

$C_2H_5OH \xrightarrow{H_2SO_4} CH_2{=}CH_2 + H_2O$

乙酸与乙醇在硫酸催化下进行的酯化反应，是一个可逆反应。为了提高乙酸乙酯的产量，采用将反应物之一的乙醇过量投料，即 n（乙酸）∶n(乙醇)＝1∶1.48（摩尔比），因为乙醇的价格比乙酸便宜。另一个措施是在反应进行过程中，不断地将反应产物乙酸乙酯与水同时蒸出。这样，使反应平衡向右移动，提高乙酸乙酯的产量。

4.10.3　实验用品

三口烧瓶（100mL）、恒压滴液漏斗、温度计（100～150℃）、分馏柱、蒸馏头、直形冷凝管、接液管、圆底烧瓶、锥形瓶、热浴、冰浴。

冰醋酸 14.3mL（15g，0.25mol）、95％乙醇 23mL（18.2g，0.39mol）、浓硫酸 3mL、饱和碳酸钠溶液、饱和氯化钙溶液、无水硫酸镁、饱和氯化钠溶液。

4.10.4　实验步骤

（1）加料，安装仪器　在一个小锥形瓶内加入 3mL 乙醇，瓶外用冷水冷却，边振荡边滴加 3mL 浓硫酸，使之混合均匀后[2]，倒入 100mL 三口烧瓶内，加入几粒沸石。将 14.3mL 冰醋酸与 20mL 乙醇混匀后，倒入恒压滴液漏斗，然后参照图 2-23 安装一套用于制备反应的分馏装置，在滴液漏斗末端用橡皮管连接一段带钩的玻璃管，其长度应接近瓶底，但不要触及瓶底[3]。烧瓶侧口装配 150℃温度计，蒸馏头上装配 100℃温度计。

（2）酯化、分馏　加热升温，使油浴温度达到 120℃左右[4]。将滴液漏斗中的乙醇与冰醋酸混合液逐滴加入，记录加料时间，大约在 30min 内加完，并保持滴加速度与馏出液的流出速度相一致[5]。保持反应瓶内温度在 120～125℃。当加料完毕后，再继续加热 10min，直至不再有液体馏出为止[6]。撤去热源，取下接受器。

（3）中和，洗涤　向馏出液中缓慢地加入饱和碳酸钠溶液，每次 1～2mL，并不断地摇动，一直加至无气泡放出（加入量大约为 10mL）[7]。然后将其倾入分液漏斗中，静置分层，分去下面水层，用石蕊试纸检验上层酯层，若仍有酸性，则再次用饱和碳酸钠溶液洗涤，直至不呈酸性为止。用等体积饱和食盐水洗涤，放出下层食盐水层[8]。然后用等体积的饱和氯化钙溶液洗涤酯层两次，分去下层液体。

（4）干燥　酯层从上口倒入一干燥的磨口锥形瓶中，加入无水硫酸镁 3～5g，充分振荡，静置 30min，进行脱水干燥[9]。

（5）蒸馏　将经过干燥的粗乙酸乙酯滤入 60mL 蒸馏瓶中，加入几粒沸石，在水浴上进行蒸馏，截取 74～80℃馏分。

（6）称量　样品称量，计算产率。

可测定产物的折射率及红外光谱。

【注释】

[1] 乙酸乙酯（etylacetate）　$CH_3C(=O)—OC_2H_5$　[141-78-6]　无色透明液体。m. p. −83.6℃。b. p. 77.06℃。$\rho=0.9003$。$n_D^{20}=1.3723$。能与氯仿、乙醇、乙醚、丙酮等混溶。1mL 乙酸乙酯可溶解在 10mL 水中（25℃），能组成共沸物，见表 4-1。闪点 44℃（闭杯），12.8℃（开杯）。燃点 426.7℃。在空气中爆炸极限为 2.2%～9.0%。空气中容许浓度为 300mg · m^{-3}。乙酸乙酯的红外光谱见图 4-9。

表 4-1　乙酸乙酯与乙醇、水的共沸物

共沸物类型	共沸物组成/%			共沸点/℃
	乙酸乙酯	乙　醇	水	
二元共沸物	91.9	—	8.1	70.4
	69.0	31.0	—	71.8
三元共沸物	82.6	8.4	9.0	70.2

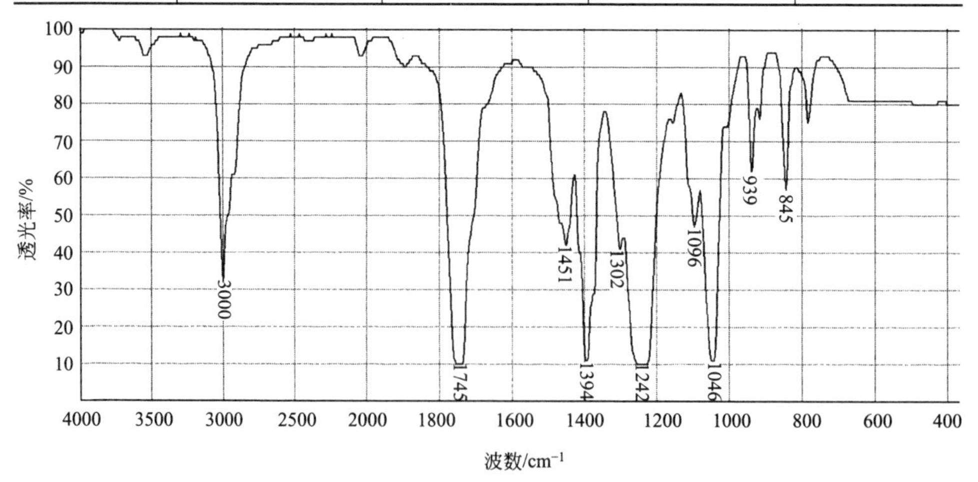

图 4-9　乙酸乙酯的红外光谱

［2］乙醇与浓硫酸的混合，一定要搅拌均匀，否则会影响浓硫酸的催化效果。

［3］应使加料导管伸入液面之下，否则滴入的物料未来得及反应即受热被蒸出，使产率降低。

［4］加热温度过高，会增加副产物乙醚的生成量，使主产物乙酸乙酯的产量下降。

［5］滴加速度太快，会使反应温度下降过快。同时，也会使乙醇与乙酸来不及发生反应而被蒸出，导致主产物的产量下降。

［6］馏出液中除含有乙酸乙酯、水以外，还含有乙醚、乙醇、乙酸、亚硫酸等。

［7］将产物中混杂的酸性物质进行中和反应：

$$2CH_3-\underset{\underset{O}{\|}}{C}-OH+Na_2CO_3\longrightarrow 2CH_3-\underset{\underset{O}{\|}}{C}-ONa+H_2O+CO_2\uparrow$$

$$H_2SO_4+Na_2CO_3\longrightarrow Na_2SO_4+H_2O+CO_2\uparrow$$

不要加入过多的碱液，否则下一步直接用氯化钙溶液处理时，会生成大量白色絮状碳酸钙沉淀：

$$Na_2CO_3+CaCl_2\longrightarrow 2NaCl+CaCO_3\downarrow$$

［8］用饱和食盐水洗涤除去酯层残存的碳酸钠，而且酯在盐水中的溶解度比在水中的溶解度要小，可降低用水洗涤造成的损失。

［9］若不能在蒸馏前尽可能地除尽酯层中的水，则在蒸馏时，会形成乙酸乙酯-水、乙酸乙酯-乙醇或乙酸乙酯-乙醇-水的二元或三元共沸物，在77℃之前，先蒸馏出来，造成主产物乙酸乙酯产量的下降。

4.10.5　安全提示

乙酸乙酯：吸入或摄入均有中等程度毒性，刺激眼、喉等。在操作时不要触及皮肤或吸入其蒸气。

4.10.6　实验前预习的问题

（1）填写下列数据

化合物	M_r	m.p./℃	b.p./℃	ρ/(g·cm^{-3})	n_D^{20}	水中溶解度	投料量			理论产量/g
							/mL	/g	/mol	
乙酸乙酯							—	—	—	
乙酸										—
乙醇										—
浓硫酸					—					—

（2）实验前请熟悉如下制备乙酸乙酯的操作流程示意图。

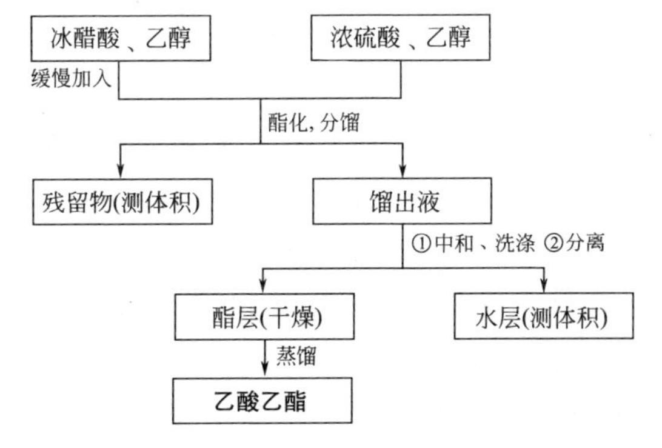

【思考题】

(1) 在本实验中，硫酸起什么作用？

(2) 为什么要用过量的乙醇？

(3) 能否用浓氢氧化钠溶液代替饱和碳酸钠溶液进行洗涤？

(4) 用饱和氯化钙溶液洗涤能去除什么杂质？是否可用水代替？

(5) 本次实验中，一共排放了多少废水与废渣？你有什么治理方案？

4.11 肉桂酸的制备

4.11.1 目的要求

(1) 熟悉缩合反应原理，掌握肉桂酸[1]的制备方法。

(2) 熟悉利用水蒸气蒸馏精制固体有机物的操作方法。

(3) 熟练掌握重结晶操作。

4.11.2 实验原理

本实验用苯甲醛和乙酸酐在无水碳酸钾存在下发生缩合反应制取肉桂酸。反应式如下：

$$C_6H_5CHO + (CH_3CO)_2O \xrightarrow[\text{约 }140^\circ C]{K_2CO_3\text{（无水）}} C_6H_5CH{=}CHCOOH + CH_3COOH$$

苯甲醛　乙酸酐　肉桂酸　乙酸

反应产物中混有少量未反应的苯甲醛，可通过水蒸气蒸馏将其除去。

4.11.3 实验用品

三口烧瓶（250mL）、空气冷凝管、水蒸气蒸馏装置、减压过滤装置、烧杯（250mL）、表面皿、温度计（200℃）、保温漏斗、电热套（或油浴锅）。

苯甲醛 3mL（3.12g，0.03mol）、乙酸酐 8mL（8.64g，0.14mol）、无水碳酸钾 4.2g、10%氢氧化钠溶液 20mL、盐酸溶液（1∶3）、活性炭、甘油。

4.11.4 实验步骤

(1) 缩合　在干燥的三口烧瓶中加入 3mL 新蒸馏过的苯甲醛[2]、8mL 新蒸馏过的乙酸酐[3]和 4.2g 研细的无水碳酸钾[4]。摇匀后在三口烧瓶的中口安装空气冷凝管，一侧口安装温度计，其汞球应插入液面下，另一侧口配上塞子。用电热套或甘油浴加热，使反应液温度缓慢升至 140℃，并在此温度下回流 30min。由于有二氧化碳逸出，初期反应会有泡沫产生[5]。

(2) 水蒸气蒸馏　冷却反应混合物[6]，加入 40mL 水浸泡几分钟，按图2-15

安装一套水蒸气蒸馏装置，进行水蒸气蒸馏，直至馏出液无油珠为止。

(3) 中和、抽滤　取下三口烧瓶，向其中加入 20mL 10%的氢氧化钠溶液，振摇使肉桂酸全部生成钠盐而溶解。抽滤，滤液倾入 250mL 烧杯中，冷却至室温。

(4) 酸化、抽滤　在搅拌下向上述烧杯中缓慢加入 1∶3 的盐酸溶液，至刚果红试纸变蓝。于冰-水浴中充分冷却后抽滤。用少量冷水洗涤滤饼，压紧抽干，计算产率。也可视情况用沸水进行重结晶[7]。

(5) 烘干，称重，计算产率　将产品转移至表面皿上晾干，称量质量，并计算产率。

可测定产物的熔点及红外光谱。

【注释】

[1] 肉桂酸 (cinnamic acid)　C_6H_5—CH═CHCOOH　[140-10-3]　肉桂酸又称桂皮酸，化学名称为 β-苯丙烯酸。主要用作制备紫丁香型香精和医药的中间体。自然界中存在于妥卢香脂、苏合香脂中，工业上可用酯水解、烃羧化或羰基缩合等方法制取。为白色单斜结晶。m. p. 135～136℃ (133℃)，b. p. 300℃，ρ=1. 2475。易溶于醚、苯、丙酮、冰醋酸、二硫化碳及油类，溶于乙醇、甲醇和氯仿，微溶于水。其红外光谱见图 4-10。

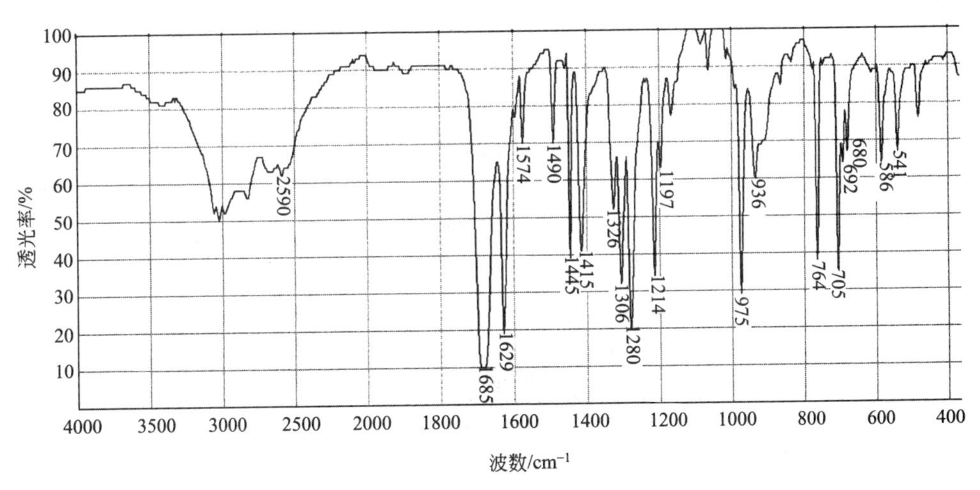

图 4-10　肉桂酸的红外光谱

肉桂酸还可以有其他制法：苯甲醛-丙酮法，苯甲醛-乙烯酮法，苯甲醛-丙二酸法，苯乙烯-四氯化碳法以及苯乙烯-一氧化碳法等。

[2] 苯甲醛久置后，由于自动氧化而有苯甲酸生成。这不仅影响反应的进行，而且混在产品中不易除去，影响产品质量。因此本实验所用的苯甲醛应预先蒸馏，接收 176～180℃馏分。

[3] 乙酸酐在放置时因吸潮和水解而有乙酸生成，因此本实验所用的乙酸酐应在使用前进行蒸馏，接收 137～140℃馏分。

[4] 碳酸钾（potassium carbonate） K_2CO_3 [584-08-7] 白色结晶粉末。m. p. 891℃。ρ=2.428。极易溶于水，呈碱性反应。不溶于乙醇、乙醚。

[5] 此时，由于有二氧化碳气体放出，烧瓶内会有大量气泡产生。随着反应的进行，气泡会自行消失。

[6] 冷却的同时需搅拌，否则产生大块固体难捣碎。

[7] 重结晶时，可按 1.0g 产品加 50mL 水的比例加入水，加热溶解后，稍冷，再加入 1g 活性炭，煮沸。趁热过滤，滤液在冰-水浴中充分冷却后抽滤。

如不进行重结晶操作，也可在加碱中和后的混合液中加入活性炭和少量水，加热煮沸几分钟，趁热抽滤，滤液冷却后再做下一步的酸化处理。

4.11.5 实验前预习的问题

（1）填写下列数据

化合物	M_r	m. p. /℃	b. p. /℃	ρ/(g·cm^{-3})	n_D^{20}	水中溶解度	投料量			理论产量/g
							/mL	/g	/mol	
肉桂酸					—		—	—	—	
苯甲醛										—
乙酸酐										—

（2）实验前请熟悉如下制备肉桂酸的操作流程示意图。

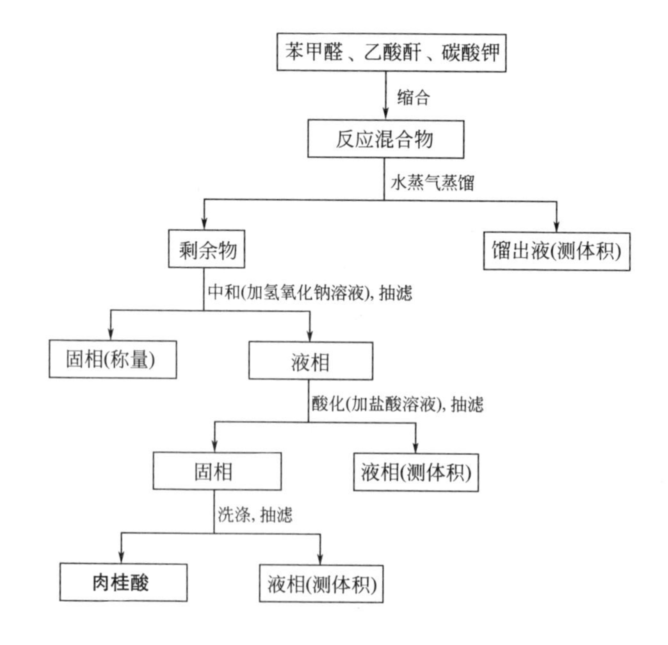

【思考题】

（1）在本实验所用的回流装置中，为什么采用空气冷凝管？

(2) 缩合反应之后，为什么要用水蒸气蒸馏的方法来除去苯甲醛？

(3) 加盐酸酸化时，发生了什么反应？试写出反应方程式。

(4) 本次实验中，一共排放了多少废水与废渣？你有什么治理方案？

4.12 十二烷基硫酸钠的制备

4.12.1 目的要求

(1) 熟悉磺化反应原理，掌握十二烷基硫酸钠[1]的制备方法。

(2) 基本掌握旋转蒸发器（或减压蒸馏装置）的操作技能。

4.12.2 实验原理

本实验采用十二醇与氯磺酸反应后，再用碳酸钠中和制取十二烷基硫酸钠：

$$CH_3(CH_2)_{10}CH_2OH + ClSO_2OH \longrightarrow CH_3(CH_2)_{10}CH_2OSO_2OH + HCl$$

$$2CH_3(CH_2)_{10}CH_2OSO_2OH + Na_2CO_3 \longrightarrow 2CH_3(CH_2)_{10}CH_2OSO_2ONa + H_2O + CO_2$$

4.12.3 实验用品

烧杯（250mL）、滴管、分液漏斗、旋转蒸发器（或减压蒸馏装置）。

月桂醇 10g（0.05mol）、氯磺酸 3.5mL（6.14g，0.05mol）、冰醋酸 9.5mL、正丁醇（50mL）、饱和碳酸钠溶液、碳酸钠 10g。

4.12.4 实验步骤

(1) 磺化　在一干燥的烧杯（250mL）中，加入 9.5mL 冰醋酸，控制烧杯内温度为 15℃[2]左右。在不断搅拌下，用干燥的滴管向该烧杯中滴加 3.5mL 氯磺酸[3]（在通风橱内进行），再慢慢加入 10g 月桂醇[4]，继续搅拌约 30min 使反应完成。

(2) 中和　将反应混合物倾入盛有 30g 碎冰的烧杯中，搅拌后再加入 30mL 正丁醇，充分搅拌 3min。然后，在搅拌下慢慢加入每份为 3mL 的饱和碳酸钠溶液，直至 pH 为 7～8。再加入 10g 固体碳酸钠，充分搅拌后静置。

(3) 分离　将烧杯中的清液移入分液漏斗中，静置分层。分出下层水相，并将其移入另一个分液漏斗中，加入 20mL 正丁醇，充分振摇后静置分层，再次分出下层水相，将上层正丁醇萃取液与第一次分得的上层液合并。

(4) 蒸发　将上述合并后的液体倒入旋转蒸发器（或在减压蒸馏装置）中，蒸去绝大部分溶剂正丁醇[5]，即得到乳白色膏状体。将产物移入烘箱内干燥（烘箱温度$<$80℃）2h 以上[6]。

(5) 称量产物质量，计算产率。

可测定产物的红外光谱，试验产物的发泡性质[7]。

【注释】

[1] 十二烷基硫酸钠（lauryl sodium sulfate） $CH_3(CH_2)_{10}CH_2OSO_2ONa$ [151-21-3] 属阴离子表面活性剂。白色粉末，m. p. 24～27℃。有特征气味。易溶于水。对碱、弱酸、硬水均稳定。具有可燃性，120℃以上会分解。发泡力强，低温下有良好的洗涤效果。用于制造洗涤剂，具有无毒、可被细菌降解、不污染环境等特点。其红外光谱见图 4-11。

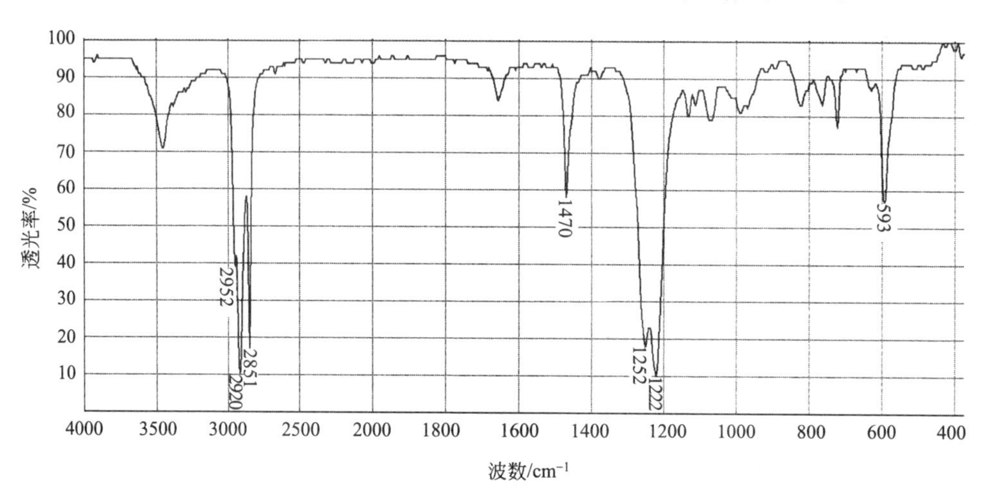

图 4-11 十二烷基硫酸钠的红外光谱

十二烷基硫酸钠还可用十二醇，分别与 SO_3、硫酸、发烟硫酸等发生反应，经中和后制得。

[2] 将烧杯放置于冷水浴中，以调控烧杯内温度。必要时可添加冰块调节温度。

[3] 氯磺酸（chlorosulfonic acid） $ClSO_3H$ [7790-94-5] 油状腐蚀性液体。在空气中发烟。ρ=1.753。m. p. －80℃。b. p. 151～152℃。遇水起剧烈作用，生成硫酸与氯化氢。空气中容许浓度 5mg·m^{-3}。使用氯磺酸必须要小心，需戴防护眼镜与橡胶手套，不可触及皮肤。

[4] 月桂醇（laury alcohol；1-dodecanol） $CH_3(CH_2)_{10}CH_2OH$ [112-53-8] 学名十二醇。淡黄色油状液体或固体。有特殊气味。m. p. 24℃。b. p. 255～259℃。ρ=0.831。不溶于水，溶于乙醇和乙醚。与浓硫酸起硫酸化作用。遇强碱无化学作用。

[5] 正丁醇的沸点在 117℃，蒸去溶剂的操作，要当心不要使瓶内产物烤焦，防止升温过急、过高。

[6] 烘箱温度不宜过高，以免发生产物的分解或熔化等。

[7] 溶解 1.5g 十二烷基硫酸钠于 100mL 水中，取此溶液 20mL 倒入 250mL 具磨口塞的锥形烧瓶中，塞紧后剧烈振荡 15min，再静置 30s，观察泡沫水准线。

4.12.5 安全提示

氯磺酸：腐蚀性液体，不要触及皮肤。

4.12.6　实验前预习的问题

（1）填写下列数据

化合物	M_r	m. p. /℃	b. p. /℃	ρ/(g · cm^{-3})	n_D^{20}	水中溶解度	投料量			理论产量/g
							/mL	/g	/mol	
十二烷基硫酸钠							—	—	—	
月桂醇										—
氯磺酸										—
碳酸钠			—		—					—

（2）实验前请熟悉如下制备十二烷基硫酸钠的操作流程示意图。

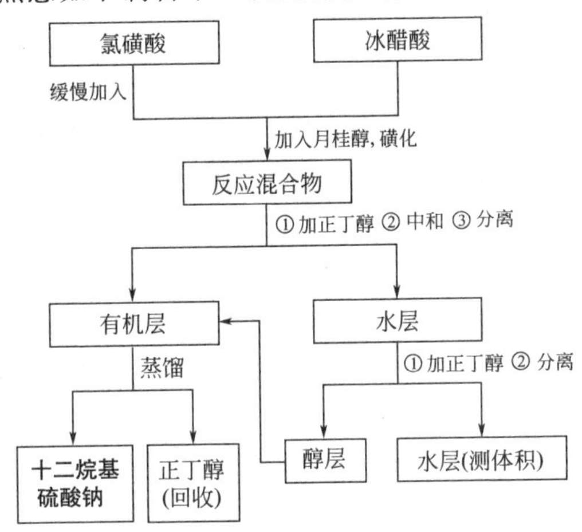

【思考题】

（1）反应为何要在无水条件下进行。如有水分存在，对反应有何妨碍？

（2）加入碳酸钠为何要有碎冰的存在？如何正确地进行该步的操作。

（3）在本次实验中，一共排放了多少废水？你有什么治理方案？

4.13　双酚 A 的制备

4.13.1　目的要求

（1）熟悉苯酚与丙酮的缩合反应原理，掌握双酚 A[1] 的制备方法。

（2）熟悉带有电动搅拌器、测温仪及滴液漏斗的回流装置的安装与操作方法。

（3）熟练掌握利用重结晶提纯固体粗产物的操作技术。

4.13.2　实验原理

苯酚与丙酮在酸的催化作用下，两分子苯酚可在羟基的对位与丙酮缩合，生成 2,2-二对羟苯基丙烷，俗称双酚 A。

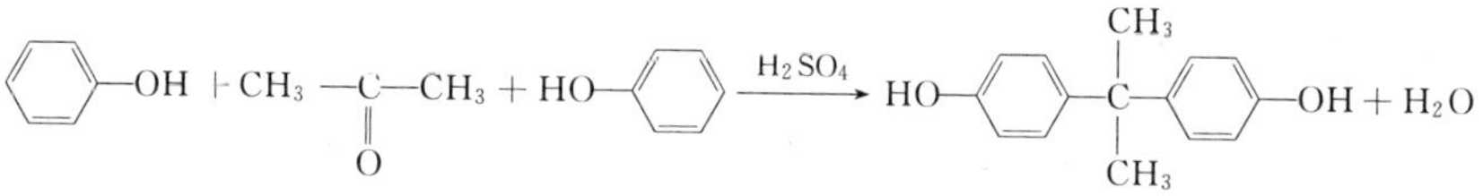

$$\text{C}_6\text{H}_5\text{—OH} + \text{CH}_3\text{—}\underset{\underset{\text{O}}{\|}}{\text{C}}\text{—CH}_3 + \text{HO—C}_6\text{H}_5 \xrightarrow{H_2SO_4} \text{HO—C}_6\text{H}_4\text{—}\underset{\text{CH}_3}{\overset{\text{CH}_3}{\text{C}}}\text{—C}_6\text{H}_4\text{—OH} + H_2O$$

4.13.3 实验用品

三口烧瓶（100mL）、Y形管、滴液漏斗、球形冷凝管、温度计、布氏漏斗、抽滤瓶、烧杯（100mL）、电动搅拌器。

丙酮 4mL（3.1g，0.053mol）、苯酚 10g（0.106mol）、甲苯、98%硫酸（6mL）。

4.13.4 实验步骤

（1）缩合　将10g苯酚[2]加入三口烧瓶中，参照图2-20（b）安装实验装置，烧瓶外用冷水浴冷却。在不断搅拌下，加入4mL丙酮[3]。当苯酚全部溶解后，温度达到15℃时，在保持匀速搅拌情况下，开始逐滴加入浓硫酸6mL[4]。保持反应混合物的温度在35℃[5]。溶液颜色由无色透明转为橘红色，逐渐变黏，搅拌持续2h，液体变得相当稠厚。

（2）洗涤　将上述液体以细流状倾入50mL冰水中，充分搅拌，则溶液中出现黄色（或微红色）小颗粒状物。静置。待溶液充分冷却后减压过滤，将滤饼用水洗涤至呈中性[6]，压紧抽干，再用滤纸进一步吸干。

（3）干燥　粗产品先在50～60℃烘干4h，再于100～110℃烘干4h[7]。

（4）重结晶　粗产品可用甲苯作溶剂进行重结晶，每克粗产品约需8～10mL甲苯。

可测定产物的熔点及红外光谱。

【注释】

[1] 双酚A [bisphenol A；2,2-bis(4-hydroxy-phenyl) propane]　$\text{HO—C}_6\text{H}_4\text{—}\underset{\text{CH}_3}{\overset{\text{CH}_3}{\text{C}}}\text{—C}_6\text{H}_4\text{—OH}$　[80-05-7]　白色结晶。m. p. 153～156℃。b. p. 220℃(0.533kPa)，ρ=1.1950。溶解于乙醚、乙醇、丙酮、苯与碱性溶液，微溶于四氯化碳，不溶于水。具有苯酚气味。闪点212.78℃（开杯）。空气中容许浓度5mg·m^{-3}。双酚A的红外光谱见图4-12。

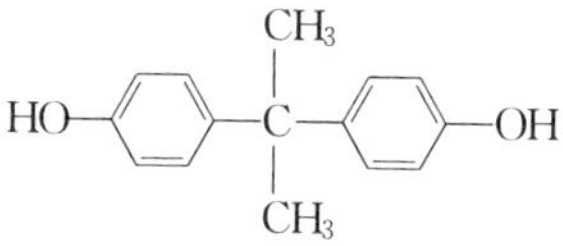

在工业上，除了用硫酸法制双酚A外，还有用苯酚与丙酮以氯化氢气体为催化剂的氯化氢法。阳离子交换树脂法具有腐蚀性小、污染少、反应液易分离等优点。

[2] 苯酚（phenol）　$\text{C}_6\text{H}_5\text{—OH}$　[108-95-2]　无色针状结晶或白色熔块。m. p. 43℃。b. p. 181.75℃。ρ=1.0722（20℃）。n_D^{21}=1.5509。溶于水，易溶于乙醇、乙醚、氯仿、甘油、二硫化碳，不溶于石油醚。暴露在空气中和光照下易变红色。闪点85℃（开杯），79.44℃（闭杯）。燃点715℃。空气中爆炸极限1.7%～8.6%。空气中容许浓度5mg·m^{-3}。

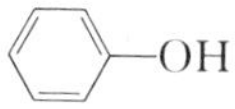

[3] 丙酮（acetone）　$\text{CH}_3\text{—}\underset{\underset{\text{O}}{\|}}{\text{C}}\text{—CH}_3$　[67-64-1]　无色液体。m. p. －95.35℃。

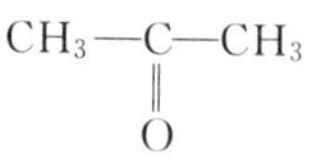

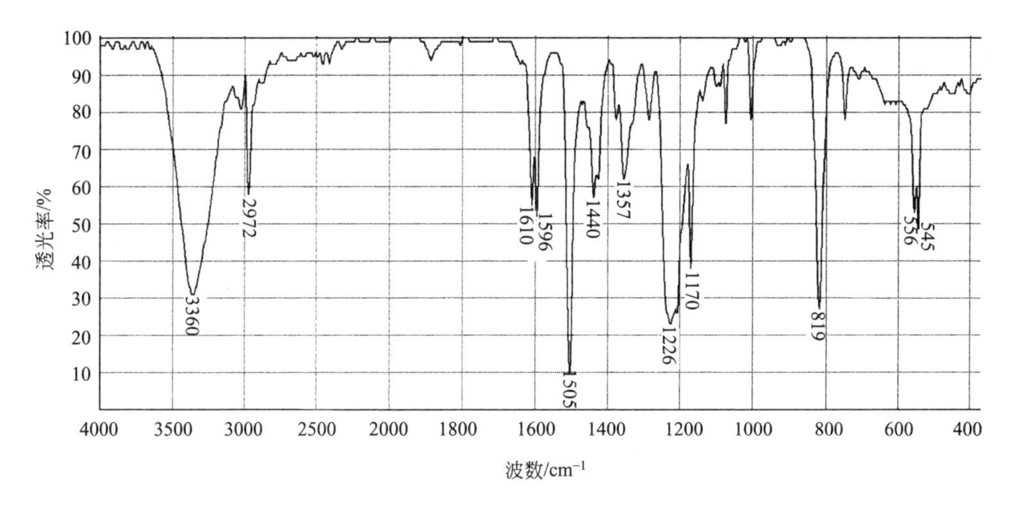

图 4-12　双酚 A 的红外光谱

b. p. 56. 2℃。ρ=0. 7899（20℃）。n_D^{21}=1. 3588。易溶于水、乙醇、乙醚、氯仿、苯等。闪点 −15. 56℃（开杯），−17. 78℃（闭杯）。燃点 465℃。空气中爆炸极限 2. 6%～12. 8%。空气中容许浓度为 400mg・m^{-3}。

[4] 硫酸滴加速度应当缓慢而且均匀，若滴加过快，由于局部反应过于激烈，会使产品色泽加深。

[5] 反应温度过低，则反应速度过慢，会影响产量的提高。若温度过高，则会发生磺化反应等副反应，也会降低产量。所以温度在 35℃为宜。

[6] 用水洗以除去硫酸根离子及过量的苯酚。

[7] 在烘干前，应尽量用滤纸压榨干。烘干时，一定要先经低温干燥，并防止熔化或结块。

4. 13. 5　安全提示

① 双酚 A：属于低毒物质，不要触及皮肤。

② 苯酚：属于有毒腐蚀物品。不要吸入其蒸气，不要触及皮肤。

③ 丙酮：属于一级易燃液体，有毒。不要吸入其蒸气或触及皮肤。使用现场不要有明火。

4. 13. 6　实验前预习的问题

（1）填写下列数据

化合物	M_r	m. p. /℃	b. p. /℃	ρ/(g・cm^{-3})	n_D^{20}	水中溶解度	投料量			理论产量/g
							/mL	/g	/mol	
双酚 A					—		—	—	—	
丙酮										—
苯酚										—
甲苯										—

（2）实验前请熟悉如下制备双酚 A 的操作流程示意图。

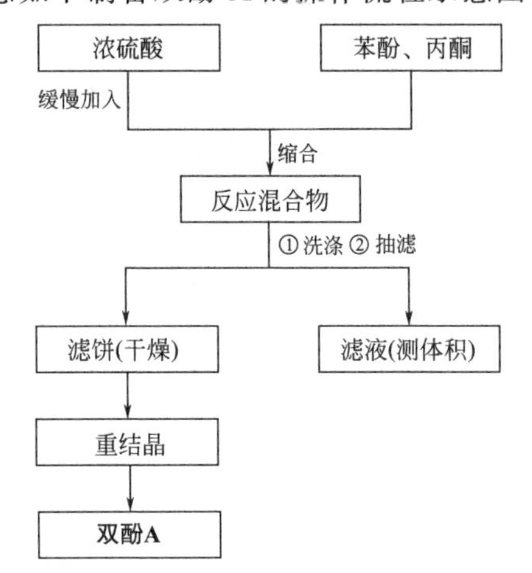

【思考题】

（1）为什么要控制好加酸的速度？

（2）为什么要调节好反应温度？

（3）反应混合物倾入水中，经减压过滤后，要用水洗至中性，试问洗去什么杂质？

（4）本次实验中，一共排放了多少废水与废渣？你有什么治理方案？

4.14　己二酸的制备

4.14.1　目的要求

（1）熟悉从环己酮制备己二酸[1]的原理与方法。

（2）掌握带有电动搅拌器和测温仪的回流装置的安装与操作技术。

4.14.2　实验原理

本实验采用环己酮在钨酸钠、硫酸氢钾作用下，与双氧水反应而制取己二酸。

反应式如下：

$$\text{环己酮} + H_2O_2 \xrightarrow[KHSO_4]{Na_2WO_4 \cdot H_2O} HOOC(CH_2)_4COOH$$

4.14.3　实验用品

三口烧瓶（100mL）、球形冷凝管、温度计（0～150℃）、温度计套管、电动搅拌器（或磁力搅拌器）、布氏漏斗、抽滤瓶、烧杯（250mL）、玻璃棒。

环己酮 10mL（9.8g，0.1mol）、钨酸钠 0.5g、硫酸氢钾 0.4g、30%过氧化氢溶液 40mL。

4.14.4　实验步骤

（1）加料、搅拌　在三口烧瓶中依次加入 0.5g 钨酸钠[2]，0.4g 硫酸氢钾[3]，10mL环己酮[4]，最后加40mL 30%过氧化氢溶液。按图2-22（b）装好仪器（不需配滴液漏斗），于室温下搅拌20min，以使物料混合均匀。

（2）加热 边搅拌、边慢慢加热至90～95℃[5]，在此温度下搅拌反应4h。

（3）酸化 反应完毕，趁热将反应物倒入250mL烧杯中，加酸，酸化至pH为1～2，冷却，若固体析出不多，可将溶液加热浓缩至30mL左右，然后于冰浴中冷却，待固体析出完全。

（4）过滤 将上述溶液抽滤，用少量冰水洗涤，再抽干。

（5）烘干、称量、计算产率 将上述滤饼转移在表面皿上进行烘干。然后将干燥的产物进行称量，再计算产率。

可测定产物的熔点及红外光谱。

【注释】

[1] 己二酸（adipic acid） HOOC—$(CH_2)_4$—COOH ［124-04-9］ 无色结晶。m. p. 153℃。b. p. 265℃（13.33kPa）。$\rho=1.3600$（25℃/4℃）。水中溶解度为：1.44g·100mL^{-1}（15℃），160g·100mL^{-1}（100℃）。微溶于乙醚，易溶于乙醇等。己二酸的红外光谱见图4-13。

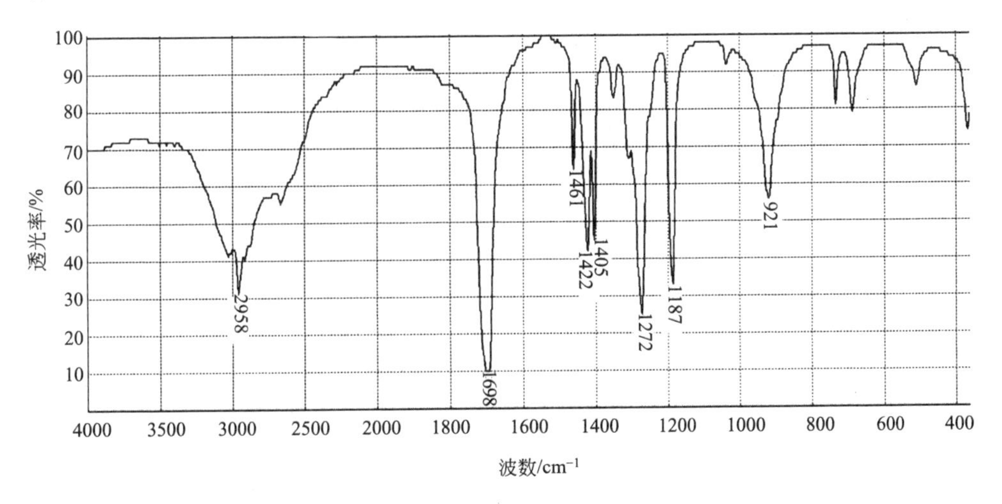

图4-13 己二酸的红外光谱

己二酸还可用其他方法制取：用高锰酸钾氧化环己醇制取；用重铬酸钾和硫酸氧化环己烯制取；用环己烷一步空气氧化法制取；用氯代环己烷的碱性水解制取；用30% H_2O_2、十聚钨酸季铵盐氧化环己烯。用30% H_2O_2、磷钨酸、氧化环己烯由丁二烯羰化制取。

[2] 钨酸钠（sodium tumgstate） $Na_2WO_4 \cdot 2H_2O$ ［10213-10-2］ 无色结晶或白色结晶性粉末。在干燥空气中风化，100℃时失去结晶水。能溶于水，不溶于醇，其水溶液呈弱碱性，pH为8～9。$\rho=3.245$，m. p. 692℃（无水品）。

[3] 硫酸氢钾（potassium hydrogen sulfate） $KHSO_4$ ［7646-93-7］ 无色单斜晶体。m. p. 214℃。$\rho=2.322$。溶于水。本实验中，加入硫酸氢钾用于调节pH，使反应液呈酸性，pH在2～3时，过氧化氢稳定。

［4］环己酮（cyclohexanone）（环己酮结构式）［108-94-1］ 无色油状液体。m. p. −45℃。b. p. 155℃。ρ＝0.9478（20℃/4℃）。n_D^{20}＝1.4507。闪点 46℃。溶于水、醇、醚及一般有机溶剂。在冷水中的溶解度大于热水中的。10℃时为 10.5%，20℃时则为 2.3%。

［5］由于过氧化氢较高温度时易分解，故先在室温下搅拌 20min，然后在 90～95℃反应 4h。

4.14.5 安全提示

① 过氧化氢：有较大的燃烧与爆炸危险。防止蒸气或烟雾吸入。

② 环己酮：吸入与皮肤接触有中等毒性，可燃。防止吸入与皮肤接触，避明火。

③ 己二酸：低毒。对皮肤有刺激性。与空气混合有爆炸危险。

4.14.6 实验前预习的问题

（1）填写下列数据

化合物	M_r	m. p. /℃	b. p. /℃	ρ /(g·cm^{-3})	n_D^{20}	水中溶解度	投料量 /mL	/g	/mol	理论产量 /g
己二酸					—		—	—	—	
环己酮										—
过氧化氢										—

（2）实验前请熟悉如下制备己二酸的操作流程示意图。

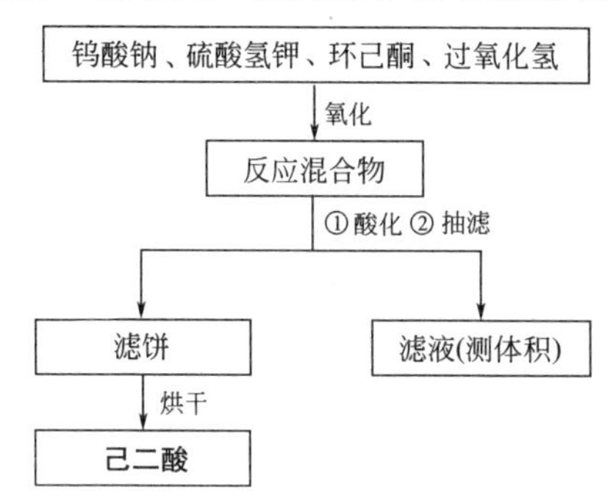

【思考题】

（1）本反应为什么要在 pH 值为 2～3 范围内进行？

（2）本反应为什么先在室温搅拌反应 20min 后再慢慢升温至 95℃左右？

（3）本反应中，一共排放了多少废水与废渣？你有什么治理方案？

*4.15 季戊四醇的制备

4.15.1 目的要求

（1）熟悉醛的碱性缩合及康尼查罗反应原理，掌握季戊四醇[1]的制备方法。

（2）掌握带有电动搅拌器、测温仪与滴液漏斗的回流装置的安装与操作技能。

(3) 掌握利用减压蒸馏进行蒸发浓缩的操作方法。

4.15.2 实验原理

本实验采用甲醛与乙醛发生碱性缩合反应制得五碳赤丝藻糖，再与甲醛发生康尼查罗反应而制得季戊四醇。

主反应

$$3HCHO+CH_3CHO \xrightarrow[\text{(缩合)}]{\text{碱性}} \underset{\text{五碳赤丝藻糖}}{C(CH_2OH)_3CHO}$$

$$C(CH_2OH)_3CHO+HCHO \xrightarrow[\text{(康尼查罗反应)}]{} C(CH_2OH)_4+HCOOH$$

副反应

$$5C(CH_2OH)_4 \longrightarrow C(CH_2OH)_3CH_2OCH_2C(CH_2OH)_3+$$

$$C(CH_2OH)_3CH_2OCH_2(CH_2OH)_2CCH_2-O-CH_2C(CH_2OH)_3+3H_2O$$

4.15.3 实验用品

三口烧瓶（100mL）、蒸馏烧瓶（100mL）、Y形管、烧杯（100mL）、直形冷凝管、接受瓶、接液管、滴液漏斗、温度计、电动搅拌器、减压蒸馏设备。

36.5%甲醛11.1g（0.135mol）、（15%～20%）乙醛8.38mL（0.03mol）、25%石灰乳[$Ca(OH)_2$] 5.2g、70%硫酸溶液、20%草酸溶液1mL。

4.15.4 实验步骤

(1) 加料，安装仪器　向三口烧瓶中加入11.1g甲醛溶液与25mL水，混匀。按图2-20(b) 装好仪器。在搅拌下，由Y形管的侧口加入5.2g石灰乳，然后由滴液漏斗滴加8.4mL乙醛，在20min内加完。

(2) 加热　用水浴加热，保持温度在60℃左右，反应160min[2]。当反应混合物由乳白色变成淡黄色时，即可视为反应已达到终点[3]，此时可停止加热。

(3) 酸化　当反应混合物的温度下降至45℃左右，可逐滴加入75%硫酸，使溶液颜色由黄色经灰白色转变为白色，并用pH试纸检验，当pH值在2～2.5，可停止酸化。继续搅拌，若pH保持不变时，酸化已经完全。

(4) 过滤-除钙-过滤　将上述混合物进行减压过滤[4]，滤去沉淀。在滤液中加入1mL 20%草酸溶液，进行充分搅拌，并经较长时间静置，再次进行减压过滤[5]，滤去沉淀物。

(5) 浓缩　将滤液进行减压蒸发浓缩[6]，直至蒸馏瓶中出现大量结晶时为止，撤去热源。

(6) 析晶、过滤　将浓缩液自然冷却，待季戊四醇晶体析出完全后，减压过滤。

（7）干燥　将得到的季戊四醇产物，移入已称量的表面皿上晾干或烘干。

（8）称量，计算产率　称取产物的质量并计算产率。

可测定产物的熔点及红外光谱。

【注释】

［1］季戊四醇（pentaerytheritol）　$(HOCH_2)_4C$　［115-77-5］　白色结晶。m. p. 262℃。b. p. 276℃（4kPa）。ρ=1.3990。n_D^{20}=1.5480。它在每100g溶剂中的溶解度为：7.23g（水，20℃），77.2g（水，100℃），0.75g（甲醇），0.33g（无水乙醇），0.33g（65%乙醇），16g（丁胺），4.5g（二甲亚砜，25℃），16.5g（乙醇胺）。空气中容许浓度10mg·m^{-3}。其红外光谱如图4-14所示。

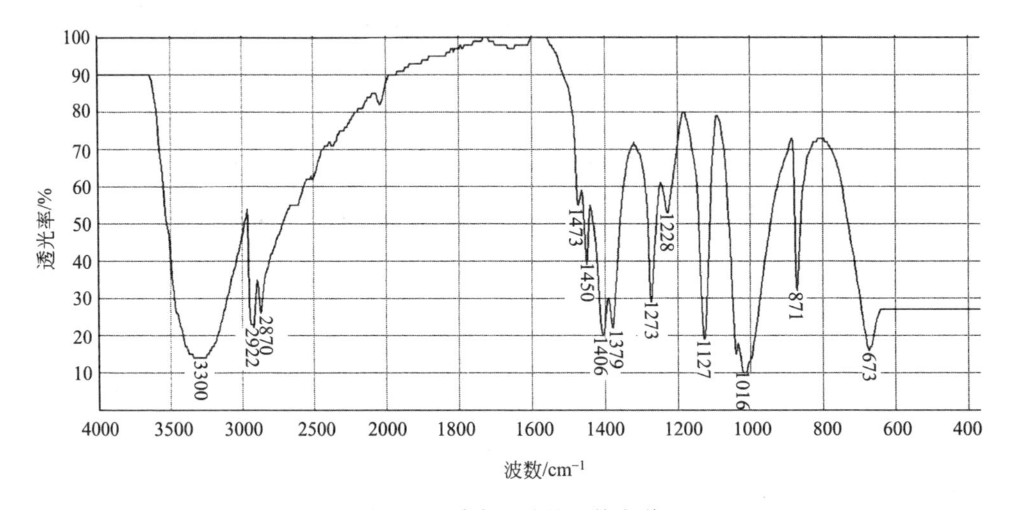

图4-14　季戊四醇的红外光谱

季戊四醇主要用于制造醇酸树脂、聚氨酯、松香酯、润滑油、表面活性剂、增塑剂，也用于炸药、医药生产。

［2］该反应是放热反应，当反应体系升温至40℃时，应控制加热速度，必要时暂时撤去热源，否则瓶内反应温度难以控制在60℃以下。如发现反应现象仍不明显，则仍需用水浴徐徐升温，以加速反应的进行。

［3］反应体系的pH保持在9.0～9.5之间。

［4］滤去硫酸钙沉淀物。

［5］减压过滤除去草酸钙沉淀。

［6］减压蒸发浓缩时，水浴温度在70℃左右。

4.15.5　安全提示

① 甲醛：不要吸入其蒸气或触及皮肤，属有机其他腐蚀品。甲醛气体从溶液中逸出后，有中等燃烧危险，使用时注意防火。

② 乙醛：不要吸入其蒸气或触及皮肤。属一级易燃液体，使用时注意防火，不要接近明火。

③ 草酸：不要吸入其蒸气或触及皮肤。

4.15.6　实验前预习的问题

（1）填写下列数据

化合物	M_r	m. p. /℃	b. p. /℃	ρ /(g·cm^{-3})	n_D^{20}	水中溶解度	投料量 /mL	投料量 /g	投料量 /mol	理论产量 /g
季戊四醇					—		—	—	—	
甲醛										—
乙醛										—
草酸					—					—
氢氧化钙		—	—		—					—

（2）实验前请熟悉如下制备季戊四醇的操作流程示意图。

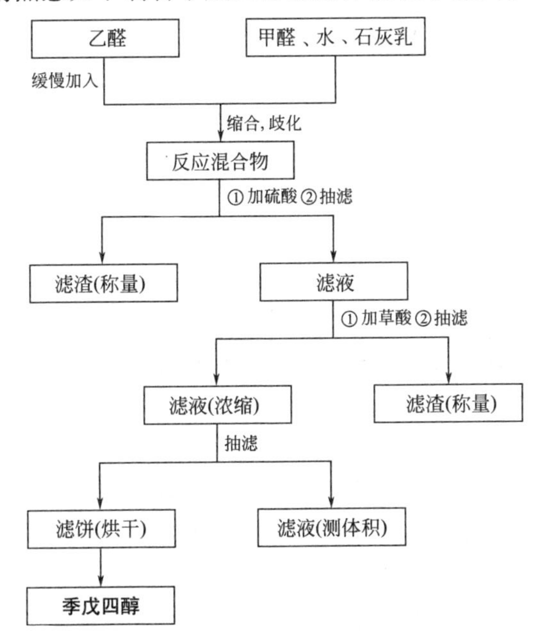

【思考题】

（1）氢氧化钙起什么作用？

（2）能否把甲醛与石灰乳滴加到乙醛中进行反应？为什么？

（3）缩合反应完成时，为什么要进行酸化？

（4）酸化后的滤液，为什么还要加草酸溶液？

（5）在本实验中，一共排放了多少废水与废渣？你有什么治理方案？

第5章　综合实验

【知识目标】

- 了解多步骤有机合成的意义和原理，掌握较复杂有机化合物的合成方法。
- 熟练掌握粗产物的分离提纯技术及纯度检验方法。
- 初步掌握天然有机化合物的提取、分离与纯化方法。

【技能目标】

- 能综合运用有机化学实验的各类基本操作技术，会处理实验室常见事故。
- 能独立组装和操作各类有机化学实验装置，会使用脂肪提取器。
- 能准确表达实验结果，规范完成实验报告。

5.1　概述

5.1.1　综合实验的意义和目的

有机化学综合实验是在有机化学理论课程和实验课程的教学完成之后，在学生已初步掌握了有机化学的基本理论知识和基本实验操作技能的基础上，集中进行的实验操作训练。

本章所选编的实验内容包括多步骤有机合成及天然有机物的提取。通过这些实验，训练学生综合运用有机化学实验技能，独立完成原料的准备与处理，中间体的制备与分离，目的产物的合成与纯化全过程；熟悉各类天然有机物的提取与分离手段。从而拓宽知识视野，提高动手能力，熟练掌握回流、蒸馏、萃取、过滤和升华等各项实验操作技术，为学习后续专业实验课程和将来从事化工生产操作奠定良好基础。

5.1.2　多步骤有机合成

多步骤有机合成是指从基本原料开始，经过多步有机反应，制备一个比较复杂的有机化合物的过程。

在多步骤制备实验中，由于每一步反应的实际产量都低于理论产量，实验的总产率必然会受到累加的影响。例如，一个需要五步反应的制备实验，假设每步产率都是80%，那么总产率是：$0.8^5 \times 100\% = 32.8\%$。因此实验者必须在实验前做好充分的准备工作，以严谨的科学态度和熟练的操作技能，认真做好每一步实验，尽量减少产品损失。只有各个环节考虑周全，保证每一步实验的产率，才能使实验最终有较高的收率。

5.1.2.1 实验的准备

实验前的准备工作充分与否是决定实验成败的关键所在，在进行多步骤制备实验之前，应做好以下准备工作。

(1) 查阅有关资料　通过查阅有关资料，了解实验所需原料、溶剂及产物的物理常数和化学性质，以便更好地控制反应条件和指导精制操作。

(2) 准备试剂和仪器　制备实验所用的原料和试剂除要求价格低廉、来源方便外，还要考虑其毒性、可燃性、挥发性以及对光、热、酸、碱的稳定性等因素。在可能的情况下，应尽量选用毒性较小、燃点较高、挥发性小、稳定性好的实验试剂。如可用乙醇则不用甲醇（毒性大）；可用溴代烷就不用碘代烷（价格高）；可用环己烷就不用乙醚（易挥发，燃点低）等。

有些试剂久置后会发生变化，使用前需纯化处理。如苯甲醛在空气中发生自动氧化，用前需进行蒸馏；乙醚在空气中放置会有过氧化物生成，受热和干燥的情况下，容易引起爆炸，所以应事先加入硫酸亚铁等还原剂，充分振摇，蒸馏后使用。

有些制备反应，如酯化反应、付氏反应和格氏反应等，要求无水操作，需要干燥的玻璃仪器。仪器的干燥必须提前进行，绝不可用刚刚烘干、尚未完全降温的玻璃仪器盛装药品，以免仪器骤冷炸裂或药品受热挥发、局部过热氧化和分解等。

(3) 制定实验计划　详细的实验计划是制备实验成功的保证。实验计划应以精炼的文字、简图、表格、化学式、符号及箭头等表明整个制备过程。还应指出实验中需特别注意的问题及安全措施等。

5.1.2.2 实验的实施

进行制备实验时，首先要根据实验的进程，合理安排时间，应预先考虑好哪一步骤可作为中断实验的阶段。然后参照装置图安装实验仪器，经检查准确稳妥后，方可进行实验。实验中要严格遵守操作规程，一般不可随意改变实验条件。对于所用药品的规格、用量、状态、颜色、批号、生产厂家及出厂日期等应做准确记录。

实验中要认真操作，细心观察，并及时将反应进行的情况详尽的记录下来。实验中制备的中间体有的必须分离提纯，有的可不经提纯，直接用于下步反应，要根据实验的需要，做到心中有数，以避免操作失误。

实验制备的产品要写明品名、质量、纯度（熔程、沸程）及制备日期，提交实验教师检验后妥善保存。

5.1.3 天然有机物的提取

凡是来自天然动、植物资源的物质都称为天然产物。人类对于有机化合物的使用和研究最初都是由天然产物开始的。

天然有机物的种类很多，一般可根据其结构特征将它们分为四大类，即碳水化合物、类脂化合物、萜类和甾族化合物、生物碱类化合物。其中生物碱是种类和变化最多的含氮碱性有机化合物，也是长期以来被人们广泛关注和研究的一类天然有机物。因为许多天然生物碱显示了惊人的生理效能，可以作为药物治疗疾病。例如，从金鸡纳树皮中提取出的金鸡纳碱——奎宁，因具有杀灭疟虫裂殖体的功能，曾从疟疾的肆疟中拯救了千百万人的生命；从萝芙藤中分离出的利血平是治疗高血压的药物；由喜树中提取出的喜树碱及从红杉树中提取的红杉醇均具有抗癌作用等。此外，还有些植物中含有调味品、香料和染料等极有价值的天然有机物。因此天然有机物的分离和鉴定一直是有机化学领域中一个十分重要的研究课题。

分离提纯天然有机物的提取技术有：蒸馏技术（常规蒸馏、真空蒸馏、分子蒸馏、水扩散蒸汽蒸馏）、萃取技术（溶剂浸取法、超临界 CO_2 萃取技术、微胶囊双水相萃取技术）、微波辐射诱导萃取技术以及吸收法（非挥发性溶剂吸收法、固体吸附剂吸收法）、色谱法（纸色谱法、薄层色谱法、柱色谱法、气相色谱法、高效液相色谱法等）、冷压榨法（有传统生产方法与近代生产方法）、结晶法。

另外，利用生物技术开发天然香料等天然有机物正在受到人们越来越多的重视。生物工程应用于挥发性香料化合物，已有工业产品问世，如脂肪族羰基化合物、羧酸酯和苯甲酸酯，包括内酯、香兰素和一些特殊化合物。

5.2 三苯甲醇的制备

5.2.1 目的要求

（1）熟悉格利雅反应的化学原理及实验方法。

（2）熟练掌握回流、蒸馏、萃取、干燥、重结晶和过滤等基本操作技术。

5.2.2 实验原理

三苯甲醇是芳香族叔醇，可通过格利雅反应来制取。

本实验中用溴苯与金属镁在干醚存在下制得格利雅试剂——苯基溴化镁，将苯甲酸乙酯与苯基溴化镁在干醚存在下发生加成反应，加成产物水解后即得三苯甲醇[1]反应过程如下。

$$C_6H_5Br + Mg \xrightarrow{\text{干醚}} C_6H_5MgBr$$

溴苯　　　　苯基溴化镁

$$C_6H_5-MgBr + C_6H_5-COOC_2H_5 \xrightarrow{干醚}$$

$$(C_6H_5)_2C(OMgBr)-OC_2H_5 \longrightarrow C_6H_5-CO-C_6H_5 + Mg(OC_2H_5)Br$$

二苯甲酮

$$C_6H_5-MgBr + C_6H_5-CO-C_6H_5 \xrightarrow{干醚}$$

$$(C_6H_5)_3C-OMgBr \xrightarrow{H_3^+O} (C_6H_5)_3C-OH + Mg(Br)OH$$

三苯甲醇

格利雅试剂非常活泼，可被含有活泼氢的物质分解（如水、醇等），所以实验中所用药品及仪器必须经过干燥处理。

5.2.3　实验用品[2]

烧瓶(50mL、100mL)、烧杯(250mL)、分液漏斗(60mL)、球形与直形冷凝管、干燥管、分馏头、接液管、Y 形管、量筒、空心塞、布氏漏斗、抽滤瓶表面皿、玻璃棒。

溴苯 9.5mL(0.091mol)、无水乙醚 30mL、苯甲酸乙酯 4.3mL(0.03mol)、镁条 1.5g(0.062mol)、碘、氯化铵。

5.2.4　实验步骤

（1）制备格利雅试剂　在干燥的三口烧瓶中加入 1.5g 镁条[3]，一小粒碘[4]。三口烧瓶中间口安装电动搅拌器，一侧口安装球形冷凝管，冷凝管上口装上氯化钙干燥管，以防空气中的水汽进入反应器。另一侧口安装滴液漏斗，滴液漏斗中放入 9.5mL 溴苯[5]与 25mL 无水乙醚[6]的混合液。

先滴入约 10mL 混合液至烧瓶中，反应随即开始，碘的颜色逐渐消失（如不发生反应，可用温水浴加热），此时可开动搅拌器，慢速搅拌，并继续缓慢滴入溴苯与乙醚的混合液，保持反应液呈微沸状态。滴加完毕，再用温水浴加热回流 1h，使镁屑作用完全。

（2）制备三苯甲醇　在滴液漏斗中放入 4.3mL 苯甲酸乙酯[7]和 5mL 无水乙醚，混匀后，缓慢滴加入上述反应混合液中，水浴温热，保持反应液微沸，回流 1h。

冷却至室温，再由滴液漏斗慢慢滴入 30mL 氯化铵饱和溶液[8]，以分解加成产物。

将三口烧瓶中的反应混合液转入分液漏斗中，分去水层。用15mL水洗涤乙醚层一次，分离。醚层倒入干燥的圆底烧瓶中，安装低沸易燃物蒸馏装置，用热水浴蒸出乙醚，回收。

向圆底烧瓶中加入60mL石油醚（沸点为30～60℃），振摇使三苯甲醇析出。于冰-水浴中充分冷却后抽滤。用少量冷水洗涤，压紧抽干。

(3) 重结晶　粗产品用70%乙醇水溶液重结晶，加活性炭脱色，可得纯度较高的产品。称量质量并计算产率。纯三苯甲醇为白色片状晶体，熔点164.2℃。

(4) 测定产物的熔点及红外光谱。

【注释】

[1] 三苯甲醇（triphenyl methanol）$(C_6H_5)_3COH$［76-84-6］　无色三角形结晶。m. p. 160～163℃。b. p. 360℃。ρ=1.990。易溶于醇、醚、苯中，溶于浓硫酸呈深黄色。溶于冰醋酸时无色。不溶于水及石油醚。其红外光谱图见图5-1。

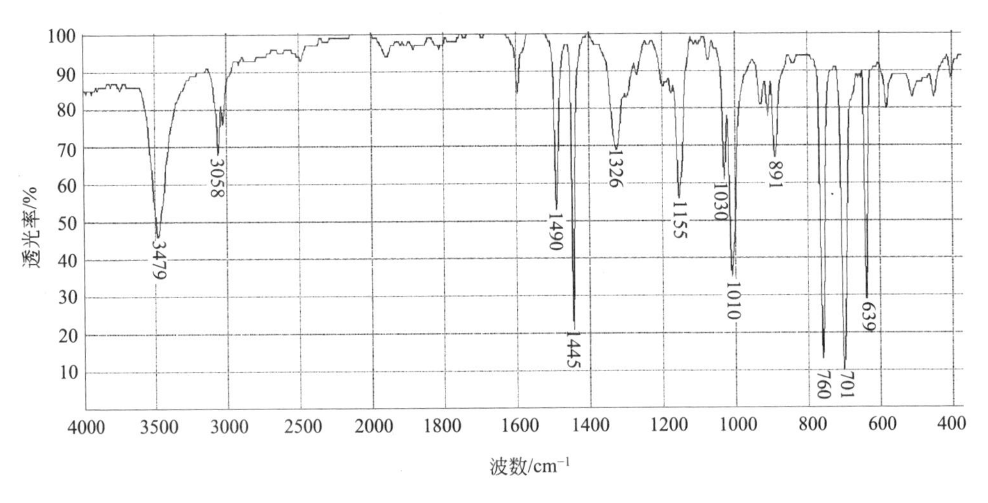

图5-1　三苯甲醇的红外光谱

[2] 所有的玻璃器皿都应在清洗干净后烘干，确保处于无水、无湿状态。在冷凝管口装接干燥管以防空气中的湿气侵入反应体系中。干燥管内装满颗粒状无水氯化钙，在干燥管的球泡下部及管口分别放一小团棉花或玻璃毛。应确保干燥管可以流通空气，不致阻断气流。

[3] 镁（magnesium）　Mg　［7439-95-4］　银白色金属。m. p. 651℃。b. p. 1107℃。ρ=1.74。在潮湿空气中被氧化发暗，但在干燥空气中稳定。镁粉易燃，并放出强烈白光。溶于酸而放出氢。能与氮、硫、卤素等化合。

用细砂纸将镁条表面擦亮，除去表层氧化物。可将镁条绕玻管转成短螺旋状，使其可直立于烧瓶中，以增加与溴苯的接触、反应面积。

[4] 碘粒用于引发溴苯与镁的反应。碘可将溴代物转变为碘代物，后者容易与镁反

应。但碘的用量应尽量小些，否则必须用亚硫酸氢钠稀溶液洗涤最终产物中的碘代物的颜色。

［5］溴苯（bromobenzene）　C_6H_5—Br　［108-86-1］　无色流动性液体。m. p. −30. 8℃。b. p. 156℃。ρ=1. 4950。n_D^{20}=1. 5597。闪点 51℃。能与醇、苯、氯仿、醚混溶，不溶于水。具有特殊芳香味。溴苯应经过干燥后使用。方法是在溴苯中加入无水氯化钙振摇后，塞紧瓶口，放置过夜。

大部分溴苯必须在少量溴苯与镁的反应开始后加入，并且滴加速度应缓慢，避免因溴苯局部过量而发生剧烈的副反应：

$$C_6H_5MgBr + C_6H_5Br \longrightarrow C_6H_5—C_6H_5$$

导致实验失败。

［6］无水乙醚应该用钠片干燥。取蒸馏过的 500mL 无水乙醚，加入 3～4g 金属钠丝或薄片，盛乙醚的瓶口用装有无水氯化钙干燥管连接。放置 24h 后，再补加少量金属钠，直至不再产生气泡为止。

［7］苯甲酸乙酯（ethyl benzoate）　C_6H_5—$COOC_2H_5$　［93-89-0］　无色澄清液体。m. p. −34. 6℃。b. p. 213℃。ρ=1. 0468（20℃/4℃）。n_D^{20}=1. 5007。溶于乙醇、氯仿、石油醚，能与乙醚混溶。闪点 84℃。

滴加苯甲酸乙酯的乙醚溶液时，必须不断振摇烧瓶，使反应物充分接触。

［8］用饱和氯化铵水溶液代替水分解苯甲酸乙酯和苯基溴化镁的加成产物，是为了将水不溶性的碱性镁盐 $\mathrm{Mg}{<}^{\mathrm{Br}}_{\mathrm{OH}}$ 转变为水溶性的镁盐 $\mathrm{Mg}{<}^{\mathrm{Br}}_{\mathrm{Cl}}$ 。如果饱和氯化铵水溶液与加成产物充分混合后，仍有絮状物不溶，可加入少量稀盐酸使其溶解。

5. 2. 5　安全提示

① 镁：易燃，使用时防止接触明火。

② 溴苯：有毒，刺激皮肤，不要吸入其蒸气，要注意保护眼睛。

5. 2. 6　实验前预习的问题

（1）填写下列数据

化合物	M_r	m. p. /℃	b. p. /℃	ρ/(g · cm^{-3})	n_D^{20}	水中溶解度	投料量			理论产量/g
							/mL	/g	/mol	
三苯甲醇							—	—	—	
溴苯										—
苯甲酸乙酯										—
乙醚										—
镁					—	—				—

（2）实验前请熟悉如下制备三苯甲醇的操作流程示意图。

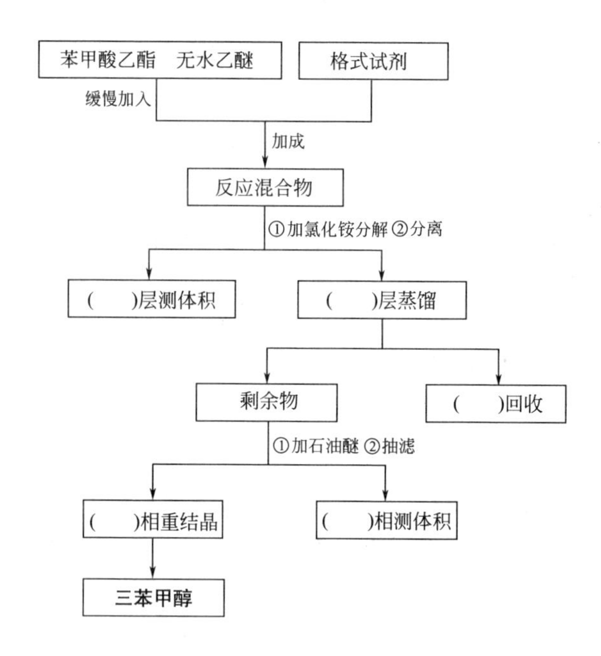

【思考题】

(1) 为什么在本实验中仪器必须干燥，药品必须是无水的？

(2) 在制备苯基溴化镁时，如果溴苯滴加过快，会有什么后果？

(3) 在三苯甲醇的制备中，为什么要用饱和的氯化铵水溶液来分解加成产物？

(4) 蒸馏乙醚时，应注意哪些问题？

(5) 本次实验中，一共排放了多少废水与废渣？你有什么治理方案？

格利雅试剂

格利雅反应是以法国化学家 Grignard 的名字命名的有机化学反应。有机镁化合物是 Grignard 攻读博士学位时的研究课题。他在研究中发现，将碘甲烷的乙醚溶液加入到乙醚和镁屑的混合物中，就能很方便地制得甲基碘化镁的乙醚溶液。不必分离，只要向甲基碘化镁的乙醚溶液中加入醛、酮、酯等有机化合物的乙醚溶液，反应后再水解，就可很容易地制得醇类或其他有机化合物。

1901 年，Grignard 关于烃基卤化镁合成与反应的博士论文发表后，立即引起了化学界极大的兴趣和重视。化学家们对这类反应进行了更加广泛深入的研究，发现烃基卤化镁是一种极为有用的有机试剂，它非常活泼，可以进行许多反应，在有机合成中具有重要价值。这一试剂的发现，大大促进了近代有机化学的发展。Grignard 也由于这一功绩而获得 1912 年诺贝尔化学奖。后来人们就将烃基卤化镁称为格利雅试剂，将利用此试剂进行的化学反应称为格利雅反应。

5.3　2,4-二氯苯氧乙酸的制备

5.3.1　目的要求

（1）了解威廉逊法合成混醚的原理，熟悉 2,4-二氯苯氧乙酸[1]的实验室制法。

（2）了解芳环卤代反应原理，熟悉卤代芳烃的实验室制法。

（3）熟练掌握加热、回流、搅拌、萃取及重结晶等操作技术。

5.3.2　实验原理

本实验中，以苯酚和氯乙酸为原料，通过威廉逊合成法制备苯氧乙酸[2]，苯氧乙酸是一种有效的防霉剂。苯氧乙酸发生环上氯化反应，可得对氯苯氧乙酸和 2,4-二氯苯氧乙酸(简称 2,4-D)。对氯苯氧乙酸[3]又称防落素，具有防止或减少农作物落花落果的作用。2,4-二氯苯氧乙酸也叫防莠剂，可选择性地除掉杂草，有效地促进植物生长。两者都是重要的植物生长调节剂[4]，在农业生产中被广泛应用。

（1）苯氧乙酸的制备反应

$$\underset{\text{氯乙酸}}{2ClCH_2COOH} + Na_2CO_3 \longrightarrow \underset{\text{氯乙酸钠}}{2ClCH_2COONa} + CO_2 + H_2O$$

$$ClCH_2COONa + \underset{\text{苯酚}}{C_6H_5{-}OH} \xrightarrow{NaOH} \underset{\text{苯氧乙酸钠}}{C_6H_5{-}OCH_2COONa} + NaCl + H_2O$$

$$C_6H_5{-}OCH_2COONa + HCl \longrightarrow \underset{\text{苯氧乙酸}}{C_6H_5{-}OCH_2COOH} + NaCl$$

（2）对氯苯氧乙酸的制备反应

$$C_6H_5{-}OCH_2COOH + HCl + H_2O_2 \xrightarrow{FeCl_3} \underset{\text{对氯苯氧乙酸}}{4\text{-}Cl{-}C_6H_4{-}OCH_2COOH} + H_2O$$

（3）2,4-二氯苯氧乙酸的制备反应

$$4\text{-}Cl{-}C_6H_4{-}OCH_2COOH + 2NaOCl \xrightarrow{H^+} \underset{\text{2,4-二氯苯氧乙酸(2,4-D)}}{2,4\text{-}Cl_2{-}C_6H_3{-}OCH_2COOH} + NaCl + H_2O$$

5.3.3 实验用品

三口烧瓶(150mL)、球形冷凝管、滴液漏斗、分液漏斗、烧杯、锥形瓶、电动搅拌器。

氯乙酸 7.6g (0.08mol)、苯酚 5g(0.053mol)、苯氧乙酸 3g(0.02mol)、对氯苯氧乙酸 1g(0.0066mol)、饱和碳酸钠溶液、氢氧化钠溶液(35%)、冰醋酸、浓盐酸、氯化铁、过氧化氢溶液(33%)、次氯酸钠溶液(0.5%)、盐酸溶液($6mol \cdot L^{-1}$)、乙醚、乙醇水溶液(1∶3)、pH 试纸、刚果红试纸。

5.3.4 实验步骤

(1) 苯氧乙酸的制备

① 威廉逊合成。在三口烧瓶中加入 7.6g 氯乙酸[5]和 10mL 水，三口烧瓶的中口安装电动搅拌器，一侧口安装球形冷凝管。调节装置后，开动搅拌器。用滴管从另一侧口向三口烧瓶中滴加饱和碳酸钠溶液[6]，至 pH 为 7～8 (用试纸检验)。然后加入 5g 苯酚，再慢慢滴加 35%氢氧化钠溶液至 pH 为 12。用沸水浴加热回流 45min。此间应经常检测反应液的 pH，使之保持在 12 左右，如有降低，应补加氢氧化钠溶液[7]。

② 酸化、分离。移去水浴，趁热向三口烧瓶中滴加浓盐酸，并振摇烧瓶，测试 pH 为 3～4 为止。充分冷却溶液，待苯氧乙酸析出完全后，减压过滤 (保留滤液)，滤饼用冷水洗涤两次，压紧抽干，称量质量。纯苯氧乙酸为无色针状晶体，熔点 99℃。

③ 回收副产品。将滤液倒入蒸发皿中，在石棉网上加热蒸发浓缩。冷却后抽滤，得氯化钠晶体。

(2) 对氯苯氧乙酸的制备

① 氯代。在 150mL 三口烧瓶中加入 3g(0.02mol) 苯氧乙酸、10mL 冰醋酸。三口烧瓶的中口安装电动搅拌器，一侧口装上球形冷凝管，另一侧口暂时用塞子塞上。开动搅拌器，水浴加热。当水浴温度升至 55℃时，取下塞子，向三口烧瓶中加入 20mg 氯化铁和 10mL 浓盐酸。在此侧口安装滴液漏斗，滴液漏斗内盛放 3mL 33%过氧化氢溶液。当水浴温度升至 60℃以上时，开始滴加过氧化氢溶液 (在 10min 内滴完)，并保持水浴温度在 60～70℃之间，继续反应 20min。升高温度使反应器内固体全部溶解，停止加热，拆除装置。

② 分离。将三口烧瓶中的反应混合液趁热倒入烧杯中，充分冷却，待结晶析出完全后，抽滤，用水洗涤滤饼两次，压紧抽干。

③ 重结晶。粗产品用 1∶3 乙醇水溶液重结晶后得纯品。纯的对氯苯氧乙酸为白色晶体，熔点 158～159℃。

④ 测熔点。用提勒管法测定自制对氯苯氧乙酸熔点，并检验其纯度。

(3) 2,4-二氯苯氧乙酸的制备

① 氯代。在250mL锥形瓶中加入1g（0.0066mol）对氯苯氧乙酸和12mL冰醋酸，搅拌使其溶解。将锥形瓶置于冰-水浴中冷却，在不断振摇下分批缓慢加入38mL次氯酸钠溶液。然后将锥形瓶自冰-水浴中取出，待反应混合液温度升至室温后再保持5min。

② 酸化。向锥形瓶中加入50mL水，并用6mol·L^{-1}盐酸溶液酸化至刚果红试纸变蓝。将此溶液倒入分液漏斗中，用50mL乙醚分两次萃取，合并萃取液，用15mL水洗涤一次，分去水层。再用15mL 10%碳酸钠溶液萃取（注意排放产生的二氧化碳!）。将碱萃取液放入烧杯中（醚层保留!），加入25mL水，用浓盐酸酸化至刚果红试纸变蓝。

③ 抽滤。充分冷却，待结晶析出完全后，抽滤，用冷水洗涤滤饼两次，压紧抽干。

④ 重结晶。粗产品用15mL四氯化碳重结晶，可得纯品2,4-二氯苯氧乙酸。

⑤ 测定产物的熔点及红外光谱。

⑥ 回收溶剂。醚层用热水浴加热蒸馏，回收乙醚。

【注释】

[1] 2,4-二氯苯氧乙酸（2,4-dichlorophenoxy acetic acid）(2,4-D) Cl—(Cl)—OCH_2COOH [94-75-7]白色晶体，无臭。m.p.138℃。b.p.160℃（53.3Pa）。难溶于水。其钠盐溶于水。溶于乙醇、乙醚、丙酮等有机溶剂。其红外光谱见图5-2。

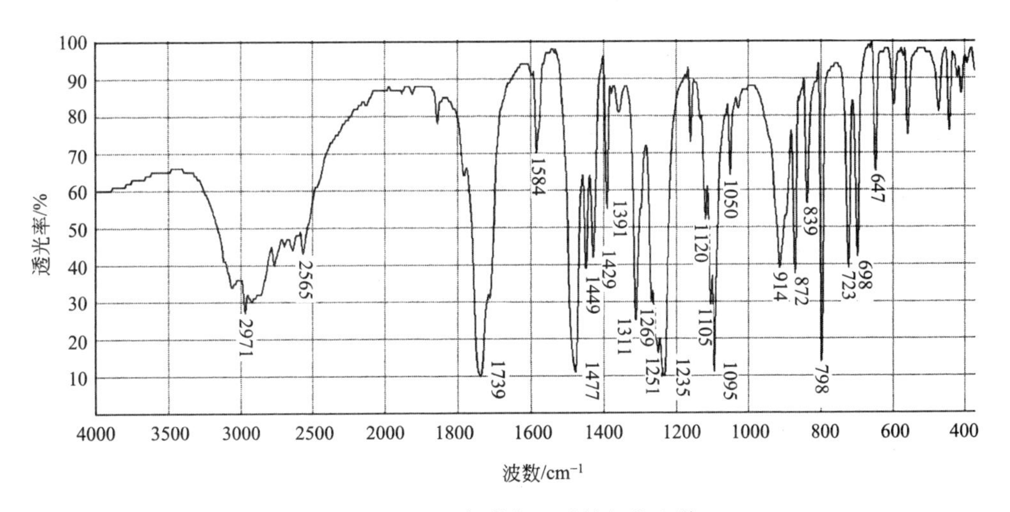

图5-2 2,4-二氯苯氧乙酸的红外光谱

[2] 苯氧乙酸（phenoxyacetic acid） —OCH_2COOH [122-59-8] 白色针状结晶。m.p.98～99℃。b.p.285℃。易溶于醇、醚、苯、二硫化碳和冰醋酸，溶于水。

[3] 对氯苯氧乙酸（*p*-chlorophenoxy acetic acid） Cl—◯—OCH_2COOH [122-88-

3]白色结晶。m. p. 157～159℃。溶于乙醇、丙酮和苯，微溶于水。有清香味。可用作植物生长激素。也用作医药中间体。

[4] 植物生长调节剂是植物体内产生的天然有机化合物，是在任何浓度下都可不同程度地影响植物生长发育的一类物质。

随着科学技术的不断发展，人类已经可以合成具有这类调节功能的化合物。如吲哚乙酸就是第一个被鉴定的植物激素，它能促进植物的生长。有些调节剂还可以改变植物的生理过程，使植物果实中的胡萝卜素增加等。

[5] 氯乙酸（chloroacetic acid） $ClCH_2COOH$ [79-11-8] 无色或白色结晶。m. p. 61. 3℃（α 型），56. 2℃（β 型）。b. p. 187. 85℃。ρ=1. 4043(40℃/4℃)。n_D^{25}=1. 4351。易溶于水。溶于乙醇、乙醚、苯、二硫化碳、二氯甲烷等。强腐蚀性。

[6] 为防止氯乙酸水解，先使之与碳酸钠作用成盐。碳酸钠溶液滴加宜慢。

[7] 制备酚醚宜在碱性条件下进行，实际上是酚钠和氯乙酸钠反应。

5. 3. 5 安全提示

① 2,4-二氯苯氧乙酸：吸入、摄入和皮肤吸收均有毒。空气中容许浓度 10mg·m^{-3}。防止吸入、摄入或皮肤接触。

② 氯乙酸：有强烈刺激性与腐蚀性，能灼伤皮肤。防止摄入、不要触及皮肤。

③ 次氯酸钠：强氧化剂，属化学危险品。

5. 3. 6 实验前预习的问题

(1) 填写下列数据

① 苯氧乙酸的制备

品 名	M_r	m. p. /℃	b. p. /℃	ρ /(g·cm^{-3})	n_D^{20}	水中溶解度	投 料 量			理论产量/g
							/mL	/g	/mol	
氯乙酸			—	—		—				—
苯酚			—	—		—				—
苯氧乙酸			—	—		—	—		—	

② 对氯苯氧乙酸的制备

品 名	M_r	m. p. /℃	b. p. /℃	ρ /(g·cm^{-3})	n_D^{20}	水中溶解度	投 料 量			理论产量/g
							/mL	/g	/mol	
苯氧乙酸			—	—		—				—
冰醋酸		—				—			—	—
浓盐酸		—	—	—	—	—			—	—
过氧化氢		—	—	—	—				—	—
对氯苯氧乙酸			—	—		—	—		—	

③ 2,4-二氯苯氧乙酸的制备

品　名	M_r	m. p. /℃	b. p. /℃	ρ /(g·cm^{-3})	n_D^{20}	水中溶解度	投　料　量 /mL	/g	/mol	理论产量/g
对氯苯氧乙酸			—	—		—				—
冰醋酸		—				—			—	—
次氯酸钠溶液	—	—	—	—	—				—	—
2,4-二氯苯氧乙酸			—	—		—	—		—	

(2) 实验前请熟悉如下制备 2,4-二氯苯氧乙酸的操作流程示意图。

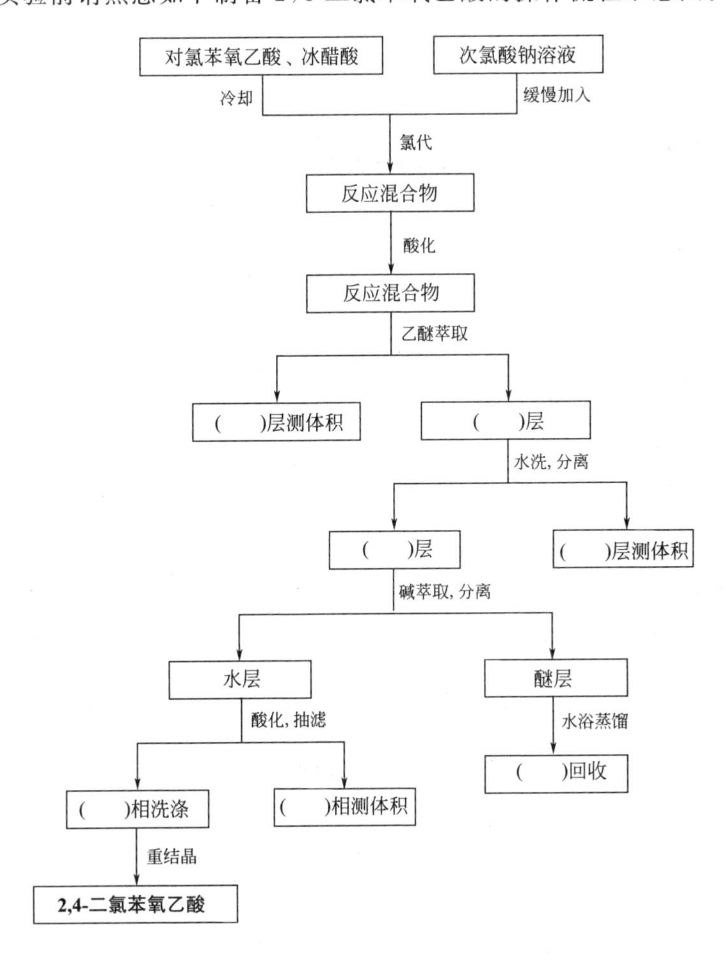

【思考题】

(1) 苯氧乙酸是依据什么原理制备的？

(2) 制备苯氧乙酸为什么要在碱性介质中进行？

(3) 制备对氯苯氧乙酸时，为什么要加入过氧化氢溶液？加入的氯化铁起什么作用？

(4) 制备 2,4-二氯苯氧乙酸时，粗产物中的水溶性杂质是如何除去的？

(5) 制备对氯苯氧乙酸和 2,4-二氯苯氧乙酸时，加入的冰醋酸起什么作用？

阅读资料

植物生长调节剂

植物生长调节剂是植物体内产生的天然有机化合物。是在任何浓度下都可不同程度地影响植物生长发育的一类物质。随着科学技术的不断发展，人类已经可以合成具有这类调节功能的化合物。如吲哚乙酸就是第一个被鉴定的植物激素，它能促进植物的生长。有些调节剂还可以改变植物的生理过程，使植物果实中的胡萝卜素增加，等等。

5.4 对氨基苯甲酸乙酯的制备

5.4.1 目的要求

（1）熟悉芳环氧化、还原和酯化等反应原理及对氨基苯甲酸乙酯[1]的制备方法。

（2）熟练掌握加热、搅拌、回流、结晶、洗涤、干燥和过滤等基本操作技术。

（3）熟练掌握蒸馏、分馏、萃取和重结晶等分离提纯有机化合物的方法。

5.4.2 实验原理

为对氨基苯甲酸乙酯[1]，又叫苯佐卡因是一种局部麻醉剂，常制成软膏用于疮面溃疡的止痛。

本实验中以对硝基甲苯为原料，经氧化、还原、酯化等反应制取对氨基苯甲酸乙酯。各步制备的反应式如下。

（1）氧化反应

$$CH_3-C_6H_4-NO_2 + K_2Cr_2O_7 + 4H_2SO_4 \longrightarrow HOOC-C_6H_4-NO_2 + Cr_2(SO_4)_3 + K_2SO_4 + 5H_2O$$

对硝基甲苯 → 对硝基苯甲酸

（2）还原反应

$$HOOC-C_6H_4-NO_2 \xrightarrow[HCl]{Sn} HOOC-C_6H_4-NH_2\cdot HCl \xrightarrow{NH_3\cdot H_2O} H_4NOOC-C_6H_4-NH_2 \xrightarrow{CH_3COOH} HOOC-C_6H_4-NH_2$$

对氨基苯甲酸

(3) 酯化反应

$$p\text{-}H_2N\text{-}C_6H_4\text{-}COOH + C_2H_5OH \xrightarrow[\triangle]{\text{浓}H_2SO_4} p\text{-}(H_2N\text{-}C_6H_4\text{-}COOC_2H_5)\cdot H_2SO_4 \xrightarrow{Na_2CO_3} p\text{-}H_2N\text{-}C_6H_4\text{-}COOC_2H_5$$

对氨基苯甲酸乙酯

5.4.3 实验用品

三口烧瓶(100mL、250mL)、球形冷凝管、圆底烧瓶(100mL)、刺形分馏柱、滴液漏斗、分液漏斗、电动搅拌器、直形冷凝管、接液管、温度计(100℃、300℃)、烧杯、锥形瓶、减压过滤装置、水浴锅、电炉与调压器。

对硝基甲苯 3g(0.022mol)、重铬酸钾 9.1g(0.031mol)、浓硫酸 15mL(0.255mol)、对硝基苯甲酸 4g(0.024mol)、锡粉 9g(0.076mol)、浓盐酸、浓氨水、冰醋酸、对氨基苯甲酸 2g(0.016mol)、无水乙醇、乙醇溶液(50%)、碳酸钠、碳酸钠溶液(10%)、氢氧化钠溶液(5%)。

5.4.4 实验步骤

(1) 对硝基苯甲酸[2]的制备

① 氧化。在100mL三口烧瓶中加入3g研细的对硝基甲苯[3]、9.1g重铬酸钾和11mL水。三口烧瓶的中口安装电动搅拌器,一侧口安装冷凝管,另一侧口安装滴液漏斗,在滴液漏斗中盛放15mL浓硫酸。开动搅拌器,并缓慢滴加浓硫酸[4],随着反应开始进行,温度升高,料液颜色也逐渐加深。硫酸加完后,用小火加热,使反应液保持微沸状态约30min。

② 分离。稍冷后,将反应混合液倒入盛有40mL冷水的烧杯中,粗品对硝基苯甲酸即呈结晶析出,充分冷却后,减压过滤,用冷水洗涤至滤液不显绿色[5]。

③ 提纯。将滤饼移至烧杯中,在搅拌下加入38mL 5%氢氧化钠溶液,使晶体溶解[6]。抽滤。

在搅拌下,将上述滤液缓慢倒入盛有30mL 15%硫酸溶液的烧杯中,对硝基苯甲酸析出。充分冷却后,减压过滤,滤饼用少量冷水洗涤两次,压紧抽干。称量质量,必要时可用50%乙醇溶液重结晶。

纯对硝基苯甲酸为浅黄色晶体,熔点142℃。

(2) 对氨基苯甲酸[7]的制备

① 还原。在100mL圆底烧瓶中加入4g对硝基苯甲酸、9g锡粉和20mL浓盐酸,安装球形冷凝管,小火加热至还原反应发生(反应液呈微沸状态)[8],停止加热,不断振摇烧瓶,约30min后,还原反应基本完成,反应液呈透明状。

② 分离。冷却后,将反应混合液倒入烧杯中,在搅拌下滴加浓氨水至溶液

刚好呈碱性（用 pH 试纸检测）。抽滤，除去锡粉及氢氧化锡沉淀。

滤液转移至干净的烧杯中，在不断搅拌下缓慢滴加冰醋酸至溶液刚好呈酸性（用蓝色石蕊试纸检测），对氨基苯甲酸晶体析出。用冰-水浴充分冷却后，减压过滤。晾干、称量质量。

纯对氨基苯甲酸为无色针状晶体，熔点 187～188℃。

（3）对氨基苯甲酸乙酯的制备

① 酯化。在干燥的 100mL 圆底烧瓶中加入 2g 对氨基苯甲酸、12.5mL 无水乙醇和 2.5mL 浓硫酸，混匀后，加入几粒沸石。安装球形冷凝管，用水浴加热回流 1～1.5h。

② 分离。将反应混合液趁热倒入盛有 80mL 冷水的烧杯中。在不断搅拌下，分批加入碳酸钠粉末至液面有少许沉淀出现时[9]，再慢慢滴加 10%碳酸钠溶液至 pH=7，对氨基苯甲酸乙酯呈晶体完全析出。减压过滤（滤液保留），用少量水洗涤滤饼，压紧抽干。称量质量。必要时可用 50%乙醇重结晶。

纯对氨基苯甲酸乙酯为白色针状晶体，熔点 92℃。

③ 回收副产品。将滤液加热浓缩，当液面有晶体膜出现时，停止加热，冷却使硫酸钠晶体析出。抽滤，称量硫酸钠质量。

【注释】

[1] 对氨基苯甲酸乙酯（ethyl-*p*- aminobenzoate） H_2N—⟨苯环⟩—$COOC_2H_5$ ［94-09-7］ 无色斜方形结晶。m. p. 92℃（88～90℃）。b. p. 183～184℃（1.87kPa）。1g 本品可溶解于约 2500mL 水、5mL 乙醇、2mL 氯仿、4mL 乙醚、30～50mL 杏仁油及橄榄油，也溶于稀酸。在空气中稳定，无臭、味苦。其红外光谱如图 5-3 所示。

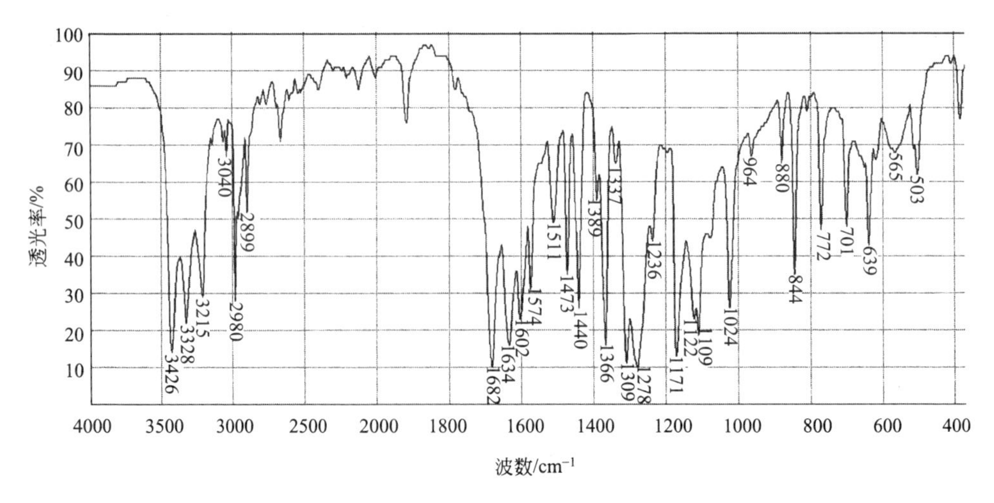

图 5-3 对氨基苯甲酸乙酯的红外光谱

[2] 对硝基苯甲酸（*p*-nitrobenzoic acid） O_2N—⟨苯环⟩—COOH ［62-23-7］ 白色至

淡黄色片状结晶。m. p. 241.5℃。ρ=1.61(20℃/40℃)。溶于甲醇、乙醇、氯仿、乙醚、丙酮，微溶于水、苯和二硫化碳，不溶于石油醚。能升华。

［3］对硝基甲苯（*p*-nitrotoluene）　CH_3—⟨苯环⟩—NO_2　［99-99-0］　菱形晶体。m. p. 53～54℃。b. p. 238.3℃。ρ=1.286(20℃/4℃)。n_D^{21} 1.5554。溶于甲醇、乙醇、乙醚、苯、氯仿、丙酮、苯等，几乎不溶于水。闪点 106℃(闭杯)。空气中容许浓度 5mg·m^{-3}。

［4］硫酸加入后可放出大量的热，氧化反应也随之发生，反应液由橙红色变成暗绿色。可通过控制硫酸的滴加速度来缓解反应的剧烈程度，否则，反应过于猛烈，容易使对硝基甲苯受热外逸。

［5］洗去粗产物中夹杂的无机盐。

［6］加碱的目的是使对硝基苯甲酸生成钠盐溶解，而铬盐则转变成氢氧化铬沉淀析出，经过滤除去：

$$Cr_2(SO_4)_3 + 6NaOH \longrightarrow 2Cr(OH)_3\downarrow + 3Na_2SO_4$$

但碱的用量不宜过多，否则，氢氧化铬会溶于过量的碱而成为可溶性的亚铬酸盐：

$$Cr(OH)_3 + NaOH \longrightarrow Na_2CrO_2 + 2H_2O$$

未反应的对硝基甲苯，由于不溶于氢氧化钠溶液，可在此时一并除去。

［7］对氨基苯甲酸（*p*-aminobenzoic acid）　H_2N—⟨苯环⟩—COOH　［150-13-0］　淡黄色晶体，纯品无色。m. p. 187.0～187.5℃。pK_a=4，65℃，0.5%水溶液 pH=3.5。微溶于冷水，可溶于热水、乙醇、乙醚、乙酸乙酯，微溶于苯，不溶于石油醚。

［8］不可过热，以防氨基被氧化。若反应液不沸腾，可微热片刻，以保持反应进行。

［9］碳酸钠粉末应分多次少量加入，待反应完全，不再有气泡产生后，测 pH 值，不足时再补加，切忌过量。

5.4.5　安全提示

① 对硝基甲苯：吸入、摄入和经皮肤吸收会引起中毒。可燃。不要吸入或摄入，使用时避免明火。

② 对硝基苯甲酸：对皮肤有刺激，有毒。避免与皮肤接触。

③ 对氨基苯甲酸：刺激皮肤及黏膜，有中等毒性。防止吸入、摄入。

④ 重铬酸钠：强氧化剂，有腐蚀性，有毒。不要与皮肤直接接触。

5.4.6　实验前预习的问题

（1）填写下列数据

① 对硝基苯甲酸的制备

品　名	M_r	m. p. /℃	b. p. /℃	ρ /(g·cm^{-3})	水中溶解度	投料量 /mL	/g	/mol	理论产量 /g
对硝基甲苯			—	—					—
重铬酸钾		—	—	—					—
浓硫酸		—	—	—	—	—		—	—
对硝基苯甲酸			—	—		—		—	

② 对氨基苯甲酸的制备

品　名	M_r	m. p. /℃	b. p. /℃	ρ /(g・cm^{-3})	水中溶解度	投料量			理论产量 /g
						/mL	/g	/mol	
对硝基苯甲酸			—	—					—
锡粉		—	—	—	—				—
浓盐酸		—	—	—	—			—	—
对氨基苯甲酸			—	—		—		—	

③ 对氨基苯甲酸乙酯的制备

品　名	M_r	m. p. /℃	b. p. /℃	ρ /(g・cm^{-3})	水中溶解度	投料量			理论产量 /g
						/mL	/g	/mol	
对氨基苯甲酸			—	—					—
无水乙醇		—							—
浓硫酸		—	—	—	—			—	—
对氨基苯甲酸乙酯			—	—		—		—	

(2) 实验前请熟悉如下制备苯佐卡因的操作流程示意图。

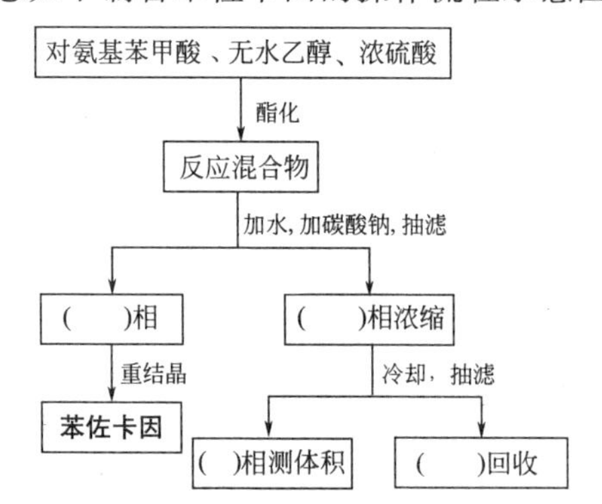

【思考题】

(1) 制备对硝基苯甲酸时，硫酸为什么要缓慢滴加？一次性加入可以吗？为什么？

(2) 在对硝基甲苯的氧化反应结束后，为什么要加入 50mL 水后才能析出对硝基苯甲酸？在分离操作中，为什么要先加入 5%NaOH 溶液，后又将其慢慢加入至 5%硫酸中？

(3) 在还原操作中，过量锡是通过什么方法除去的？

(4) 在对氨基苯甲酸的纯化过程中，加氨水和冰醋酸各起什么作用？

(5) 在酯化反应中，碳酸钠的加入起什么作用？

(6) 在本次实验中，一共排放了多少废水与废渣？你有什么治理方案？

麻醉剂

人类使用麻醉剂的历史十分久远。最早的局部麻醉药是从生长在南美洲的古柯植物中提取出的古柯生物碱，又叫柯卡因。但柯卡因毒性较大又容易成瘾。于是化学家们进行了大量的研究工作，在搞清了古柯生物碱的结构和药理作用后，终于成功地合成了一系列麻醉（止痛）效果好、毒副作用小的麻醉剂。这些麻醉剂的共同结构特征是：分子的一端有芳环，另一端是氨基。芳环部分通常为芳香酸酯，酯基可在麻醉剂进入人体血液中时起解毒作用。氨基则有助于使这类化合物形成可溶于水的盐酸盐以制成注射液。

5.5　从黄连中提取黄连素

5.5.1　目的要求

（1）熟悉从植物中提取天然产物的原理和方法。

（2）熟练掌握回流、蒸馏和重结晶等操作技术。

5.5.2　实验原理

黄连为多年生草本植物，为我国名产药材之一。其根茎中含有多种生物碱，如小檗碱（黄连素）、甲基黄连碱、棕榈碱、非洲防已碱等。黄连素的含量约在4%～10%。其他如黄柏、伏牛花、白屈菜、南天竹等植物均可作为提取黄连素的原料，但以黄连与黄柏含量最高。

黄连素是黄色针状体（乙醚），m. p. 145℃。可溶于乙醇，难溶于乙醚、苯。可溶于热水，其水溶液具有黄绿色荧光。黄连素是一种抗菌药物，用于治疗细菌性痢疾、肠炎、上呼吸道感染和抗疟等。我国现用合成法生产医用黄连素药物。

自然界中，黄连素主要以季铵碱式存在。黄连素分子结构式为：

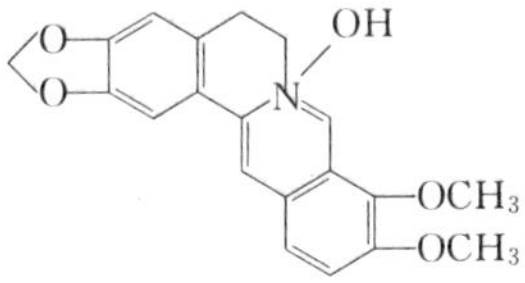

（季铵碱式）

由于黄连素可溶于乙醇，所以用乙醇作为提取黄连素的溶剂。然后加入盐酸，使其成为盐酸盐形式呈晶体析出。提取后产物，又名氯化小檗碱，黄色针状结晶，可溶于热水，在冷水中很难溶解。本品加热至 220℃左右时分解为盐酸小檗红碱，至 278～280℃时完全熔融。

5.5.3　实验用品

研钵、圆底烧瓶(250mL)、球形冷凝管、直形冷凝管、蒸馏头、接液管、温度计(100℃)、烧杯(200mL)、锥形瓶(250mL)、减压过滤装置、热浴、冰浴、电炉、天平。

黄连 10g、95%乙醇、10%乙酸溶液、浓盐酸、丙酮。

5.5.4 实验步骤

(1) 提取 称取 10g 中药黄连，在研钵中捣碎后放入 250mL 圆底烧瓶中，加入 100mL 95%乙醇，安装球形冷凝管。用水浴加热回流 40min[1]。再静置浸泡 1h。

(2) 过滤 减压过滤，滤渣用少量 95%乙醇洗涤两次。

(3) 蒸馏 将滤液倒入 250mL 圆底烧瓶中，安装普通蒸馏装置。用水浴加热蒸馏，回收乙醇[2]。当烧瓶内残留液呈棕红色糖浆状时，停止蒸馏（不可蒸得过干!）。

(4) 溶解、过滤 向烧瓶内加入 30mL 10%乙酸溶液，加热溶解，趁热抽滤，除去不溶物。

将滤液倒入 200mL 烧杯中，滴加浓盐酸至溶液出现浑浊为止（约需 10mL）。将烧杯置于冰-水浴中充分冷却后，黄连素盐酸盐呈黄色晶体析出。减压过滤。

(5) 重结晶 将滤饼放入 200mL 烧杯中，先加少量水，用石棉网小火加热，边搅拌边补加水至晶体在受热情况下恰好溶解。停止加热，稍冷后，将烧杯放入冰-水浴中充分冷却，抽滤。用冰水洗涤滤饼两次，再用少量丙酮洗涤一次[3]，压紧抽干。称量质量。

【注释】

[1] 也可用索氏提取器连续提取 2h，效果会更好。

[2] 为充分利用黄连素材料，滤渣可重复上述操作 2 次。在后续操作中，可合并 3 次所得滤液进行。

也可用旋转蒸发器进行减压蒸馏操作，除去并回收乙醇。

[3] 用丙酮洗涤，可加快干燥速度。

5.5.5 安全提示

① 乙醇：见 4.5.5 安全提示。

② 丙酮：见 4.13.5 安全提示。

【思考题】

(1) 黄连素的提取方法是根据黄连素的什么性质来设计的?

(2) 用回流和浸泡的方法提取天然产物与用索氏提取器连续萃取，哪种方法效果更好些? 为什么?

(3) 作为生物碱，黄连素具有哪些生理功能?

(4) 蒸馏回收溶剂时，为什么不能蒸得太干?

(5) 在本次实验中，一共排放了多少废水与废渣? 你有什么治理方案?

5.6 从橙皮中提取柠檬油

5.6.1 目的要求

(1) 熟悉从植物中提取香精油的原理和方法。

(2) 掌握水蒸气蒸馏装置的安装与操作。

(3) 熟练掌握利用萃取和蒸馏提纯液体有机物的操作技术。

5.6.2 实验原理

香精油的主要成分为萜类，是广泛存在于动、植物体内的一类天然有机化合物。大多具有令人愉快的香味，常用作食品、化妆品和洗涤用品的香料添加剂。由于其容易挥发，可通过水蒸气蒸馏进行提取。

柠檬、橙子与柑橘等水果的新鲜果皮中含有一种香精油，叫柠檬油(lemon oil)。在果皮中含油量0.35%。黄色液体，有浓郁的柠檬香气。ρ=0.857～0.862 (15℃/4℃)。n_D^{20}=1.474～1.476。$[\alpha]_D^{20}$=+57°～+61°。主要成分是苧烯，含量高达80%～90%。主要用于配制饮料、香皂、化妆品及香精。

以粉碎的橙皮为原料，利用水蒸气蒸馏，可以将香精油与水蒸气一起馏出。然后用有机溶剂进行萃取，蒸去溶剂后，即可得到柠檬油。

5.6.3 实验用品

三口烧瓶(500mL)、直形冷凝管、接液管、锥形瓶(50mL、100mL、250mL)、分液漏斗(125mL)、梨形烧瓶(50mL)、蒸馏头、温度计(100℃)、热浴、水蒸气发生器。

橙皮(新鲜) 50g、二氯甲烷、无水硫酸钠。

5.6.4 实验步骤

(1) 水蒸气蒸馏　将50g新鲜橙皮剪切成碎片后[1]，放入500mL三口烧瓶中，加入250mL水。参照图2-13安装水蒸气蒸馏装置，加热进行水蒸气蒸馏。控制馏出速度为每秒2～3滴。收集馏出液约80mL时[2]，停止蒸馏。

(2) 溶剂萃取　将馏出液倒入分液漏斗中，用30mL二氯甲烷分三次萃取(有机相在哪一层?)。

(3) 干燥除水　合并萃取液，放入50mL干燥的锥形瓶中，加入适量无水硫酸钠，振摇至液体澄清透明为止。

(4) 回收溶剂　将干燥后的萃取液滤入干燥的50mL梨形烧瓶中，安装低沸易燃物蒸馏装置。用水浴加热蒸馏，回收二氯甲烷[3]。当大部分溶剂基本蒸完后，再用水泵减压抽去残余的二氯甲烷[4]。烧瓶中所剩少量黄色油状液体即为柠檬油，可交指导教师统一收存。

【注释】

[1] 果皮应尽量剪切得碎些，最好直接剪入烧瓶中，以防精油损失。

[2] 此时馏出液中可能还有油珠存在，但量已很少，限于时间，可不再继续蒸馏。

[3] 二氯甲烷有毒，接受器应浸入冰浴中，以防其蒸气挥发。接液管的支管应连接一长橡胶导管，接入下水道。

[4] 常压下用水浴加热，很难将残余的二氯甲烷蒸馏除尽，所以需用水泵减压将其抽出。

5.6.5 安全提示

二氯甲烷：有毒。防止吸入或摄入，不要触及皮肤。萃取操作最好在通风橱中进行。

【思考题】

(1) 为什么可采用水蒸气蒸馏的方法提取香精油？

(2) 干燥的橙皮中，柠檬油的含量大大降低，试分析原因。

(3) 蒸馏二氯甲烷时，为什么要用水浴加热？

(4) 本次实验中，一共排放了多少废水与废渣？你有什么治理方案？

5.7 从菠菜中提取天然色素

5.7.1 目的要求

(1) 熟悉从植物中提取天然色素的原理和方法。

(2) 熟悉柱色谱分离的原理与方法。

(3) 熟练掌握萃取、分离等操作技术。

5.7.2 实验原理

绿色植物的茎、叶中含有叶绿素(绿色)、叶黄素(黄色) 和胡萝卜素(橙色) 等多种天然色素。

叶绿素以两种相似的异构体形式存在：叶绿素 a ($C_{55}H_{72}O_5N_4Mg$) 和叶绿素 b ($C_{55}H_{70}O_6N_4Mg$)，它们都是吡咯衍生物与金属镁的配合物，是植物进行光合作用所必需的催化剂。

胡萝卜素 ($C_{40}H_{56}$) 是具有长链结构的共轭多烯，属萜类化合物。有三种异构体：α-胡萝卜素、β-胡萝卜素和 γ-胡萝卜素。其中 β-异构体具有维生素 A 的生理活性，在人和动物的肝脏内受酶的催化可分解成维生素 A，所以 β-胡萝卜素又称做维生素 A 原，用于治疗夜盲症，也常用作食品色素。目前已可进行大规模的工业生产。

叶黄素 ($C_{40}H_{56}O_2$) 是胡萝卜素的羟基衍生物，在绿叶中的含量较高。因为分子中含有羟基，较易溶于醇，而在石油醚中溶解度较小。叶绿素和胡萝卜素则由于分子中含有较大的烃基而易溶于醚和石油醚等非极性溶剂。

本实验以菠菜叶为原料，用石油醚-乙醇混合溶剂萃取出色素，再用柱色谱法进行分离。

胡萝卜素极性最小，当用石油醚-丙酮洗脱时，随溶剂流动较快，第一个被分离出；叶黄素分子中含有两个极性的羟基，增加洗脱剂中丙酮的比例，便随溶剂流出；叶绿素分子中极性基团较多，可用正丁醇-乙醇-水混合溶剂将其洗脱。

5.7.3 实验用品

研钵、分液漏斗（125mL）、滴液漏斗（125mL）、玻璃漏斗、酸式滴管（25mL）、锥形瓶（100mL）、烧杯（200mL）、热浴、电炉、蒸馏装置（或旋转蒸发仪）。

菠菜叶（新鲜）20g、石油醚（60～90℃馏分）、95%乙醇、丙酮、中性氧化铝（150～160 目）、正丁醇、无水硫酸钠。

5.7.4 实验步骤

（1）萃取、分离　将新鲜菠菜叶洗净晾干，称取 20g，剪切成碎块放入研钵中。初步捣烂后，加入 20mL 体积比为 2∶1的石油醚-乙醇溶液，研磨约 5min[1]。减压过滤。滤渣放回研钵中，重新加入 10mL 2∶1 石油醚-乙醇溶液，研磨后抽滤。再用 10mL 混合溶剂重复上述操作一次。

（2）洗涤、干燥　合并三次抽滤的萃取液，转入分液漏斗中，用 20mL 蒸馏水分两次洗涤[2]，以除去水溶性杂质及乙醇。分去水层后，将醚层（在哪一层?）倒入干燥的 100mL 锥形瓶中，加入适量无水硫酸钠干燥。

（3）回收溶剂　将干燥好的萃取液滤入 100mL 圆底烧瓶中，安装低沸易燃物蒸馏装置。用水浴加热蒸馏，回收石油醚。当烧瓶内液体剩下约 5mL 时[3]，停止蒸馏。

（4）色谱分离

① 装柱。用 25mL 酸式滴定管代替色谱柱。取少许脱脂棉，用石油醚浸润后，挤压以驱除气泡，然后借助长玻璃棒将其放入色谱柱底部，上面再覆盖一片直径略小于柱径的圆形滤纸。关好旋塞后，加入约 20mL 石油醚，将色谱柱固定在铁架台上。从色谱柱上口通过玻璃漏斗缓缓加入 20g 中性氧化铝，同时小心打开旋塞，使柱内石油醚高度保持不变，并最终高出氧化铝表面约 2mm[4]。装柱完毕，关好旋塞。

② 加入色素。将上述菠菜色素的浓缩液，用滴管小心加入到色谱柱内，滴管及盛放浓缩液的容器用 2mL 石油醚冲洗，洗涤液也加入柱中。加完后，打开下端旋塞，让液面下降到柱面以下约 1mm 处，关闭旋塞，在柱顶滴加石油醚至超过柱面 1mm 左右，再打开旋塞，使液面下降。如此反复操作几次，使色素全部进入柱体。最后再滴加石油醚至超过柱面 2mm 处。

③ 洗脱。在柱顶安装滴液漏斗，内盛约 50mL 体积比为 9∶1 的石油醚-丙酮溶液。同时打开滴液漏斗及柱下端的旋塞，让洗脱剂逐滴放出，柱色谱分离即开

始进行。先用烧杯在柱底接收流出液体。当第一个色带即将滴出时，换一个洁净干燥的小锥形瓶接收，得橙黄色溶液，即胡萝卜素。

在滴液漏斗中加入体积比为 7∶3 的石油醚-丙酮溶液，当第二个黄色带即将滴出时，换一个锥形瓶，接收叶黄素[5]。

最后用体积比为 3∶1∶1 的正丁醇-乙醇-水为洗脱剂（约需 30mL），分离出叶绿素。将收集的三种色素提交给实验教师。

【注释】

[1] 应尽量研细。通过研磨，使溶剂与色素充分接触，并将其浸取出来。

[2] 洗涤时，要轻轻振摇，以防产生乳化现象。

[3] 不可蒸得太干，以避免色素溶液浓度较高，由烧瓶倒出时，沾到内壁上，造成损失。

[4] 氧化铝应始终保存在液面之下。

[5] 叶黄素易溶于醇，而在石油醚中溶解度较小，所以在此提取液中含量较低，以致有时不易分出。

5.7.5 安全提示

① 石油醚：易燃。使用时防止明火。

② 乙醇：见 4.5.5 安全提示。

③ 丙酮：见 4.13.5 安全提示。

④ 正丁醇：见 4.8.5 安全提示。

【思考题】

(1) 绿色植物中主要含有哪些天然色素？

(2) 叶绿素在植物生长过程中起什么作用？

(3) 本实验是如何从菠菜叶中提取色素的？

(4) 分离色素时，为什么胡萝卜素最先被洗脱？三种色素的极性大小顺序如何？

(5) 蔬菜胡萝卜中的胡萝卜素含量较高，试设计一合适的实验方案进行提取。

(6) 本次实验中，一共排放了多少废水与废渣？你有什么治理方案？

附　　录

附录 1　本书常用符号、缩略语与名称

符号、缩略语	名　　称	符号、缩略语	名　　称
λ	波长	MPa	兆帕
μm	波长单位	L	升
$\tilde{\nu}$	波数	mL	毫升
cm^{-1}	波数单位	g	克
ε	介电常数	mg	毫克
ρ	相对密度	mol	摩尔
n_D^{20}	折射率	Pa	帕
$[\alpha]_D^{20}$	比旋光度(旋光率)	Pa·s	(动力)黏度单位
A_r	相对原子质量	℃	摄氏度
M_r	相对分子质量	b. p.	沸点
pH	酸性度量(等于$-\lg[H^+]$)	m. p.	熔点
pK_a	酸性强度度量(等于$-\lg K_a$)	f. p.	凝固点(冰点)
m-	间位	C. P.	化学纯
o-	邻位	A. R.	分析纯
p-	对位	G. R.	优级纯
h	(小)时	IR	红外光谱
min	分	GB	国家标准
s	秒	CA	美国化学文摘
kPa	千帕	CAS	美国化学文摘社

附录 2　相对原子质量表

(按照元素符号的字母次序排列)

元素		相对原子质量	元素		相对原子质量	元素		相对原子质量
符号	名称		符号	名称		符号	名称	
Ac	锕	227.0278	Am	镅	243.0614	At	砹	209.9871
Ag	银	107.8682(2)	Ar	氩	39.948(1)	Au	金	196.966569(4)
Al	铝	26.9815386(8)	As	砷	74.92160(2)	B	硼	10.811(7)

续表

元素		相对原子质量	元素		相对原子质量	元素		相对原子质量
符号	名称		符号	名称		符号	名称	
Ba	钡	137.327(7)	I	碘	126.90447(3)	Rf	铲	265.1167
Be	铍	9.012182(3)	In	铟	114.818(3)	Rg	轮	280.164
Bh	铍	267.1277	Ir	铱	192.217(3)	Rh	铑	102.90550(2)
Bi	铋	208.98040(1)	K	钾	39.0983(1)	Rn	氡	222.0176
Bk	锫	247.0703	Kr	氪	83.798(2)	Ru	钌	101.07(2)
Br	溴	79.904(1)	La	镧	138.90547(2)	S	硫	32.065(5)
C	碳	12.0107(8)	Li	锂	6.941(2)	Sb	锑	121.760(1)
Ca	钙	40.078(4)	Lu	镥	174.9668(1)	Sc	钪	44.955912(6)
Cd	镉	112.411(8)	Lr	铹	262.1096	Se	硒	78.96(3)
Ce	铈	140.116(1)	Md	钔	258.0984	Sg	𨭎	271.133
Cf	锎	251.0796	Mg	镁	24.3050(6)	Si	硅	28.0855(3)
Cl	氯	35.453(2)	Mn	锰	54.938049(9)	Sm	钐	150.36(2)
Cm	锔	247.0704	Mo	钼	95.94(2)	Sn	锡	118.710(7)
Co	钴	58.933195(5)	Mt	鿏	276.151	Sr	锶	87.62(1)
Cr	铬	51.9961(6)	N	氮	14.0067(2)	Ta	钽	180.94788(2)
Cs	铯	132.90545(2)	Na	钠	22.98976928(2)	Tb	铽	158.92534(2)
Cu	铜	63.546(3)	Nb	铌	92.90638(2)	Tc	锝	97.9072
Db	𨧀	268.125	Nd	钕	144.242(3)	Te	碲	127.60(3)
Ds	鐽	281.162	Ne	氖	20.1797(6)	Th	钍	232.03806(2)
Dy	镝	162.500(1)	Ni	镍	58.6934(2)	Ti	钛	47.867(1)
Er	铒	167.259(3)	No	锘	259.1010	Tl	铊	204.3833(2)
Es	锿	252.0830	Np	镎	237.0482	Tm	铥	168.93421(2)
Eu	铕	151.964(1)	O	氧	15.9994(3)	U	铀	238.02891(3)
F	氟	18.9984032(5)	Os	锇	190.23(3)	Uub		285.174
Fe	铁	55.845(2)	P	磷	30.973762(2)	Uut		284.178
Fm	镄	257.0951	Pa	镤	231.03588(2)	Uuq		289.189
Fr	钫	223.0197	Pb	铅	207.2(1)	Uup		288.192
Ga	镓	69.723(1)	Pd	钯	106.42(1)	Uuh		292.200
Gd	钆	157.25(3)	Pm	钷	144.9127	Uuo		
Ge	锗	72.64(1)	Po	钋	208.9824	V	钒	50.9415(1)
H	氢	1.00794(7)	Pr	镨	140.90765(2)	W	钨	183.84(1)
He	氦	4.002602(2)	Pt	铂	195.084(9)	Xe	氙	131.293(6)
Hf	铪	178.49(2)	Pu	钚	244.0642	Y	钇	88.90585(2)
Hg	汞	200.59(2)	Ra	镭	226.0254	Yb	镱	173.054(5)
Ho	钬	164.93032(2)	Rb	铷	85.4678(3)	Zn	锌	65.38(2)
Hs	𨭆	277.150	Re	铼	186.207(1)	Zr	锆	91.224(2)

注：1. 相对原子质量录自 2007 年国际原子量表，以 $^{12}C=12$ 为基准。

2. 放射性元素的相对原子质量为放射性元素的半衰期最长的同位素的相对原子质量数。

3. 相对原子质量末尾数的不确定度加注在其后的括号内。

附录3 常用酸碱溶液的密度和浓度

盐酸

HCl的质量分数/%	密度 $\rho/(g \cdot cm^{-3})$	每100mL含HCl/g	HCl的质量分数/%	密度 $\rho/(g \cdot cm^{-3})$	每100mL含HCl/g
1	1.0031	1.003	22	1.1083	24.38
2	1.0081	2.006	24	1.1185	26.84
4	1.0179	4.007	26	1.1288	29.35
6	1.0278	6.167	28	1.1391	31.89
8	1.0377	8.301	30	1.1492	34.48
10	1.0476	10.480	32	1.1594	37.10
12	1.0576	12.690	34	1.1693	39.76
14	1.0676	14.950	36	1.1791	42.45
16	1.0777	17.240	38	1.1886	45.17
18	1.0878	19.58	40	1.1977	47.91
20	1.0980	21.96			

硫酸

H_2SO_4的质量分数/%	密度 $\rho/(g \cdot cm^{-3})$	每100mL含H_2SO_4/g	H_2SO_4的质量分数/%	密度 $\rho/(g \cdot cm^{-3})$	每100mL含H_2SO_4/g
1	1.0049	1.005	65	1.5533	101.00
2	1.0116	2.024	70	1.6105	112.70
3	1.0183	3.055	75	1.6692	125.20
4	1.0250	4.100	80	1.7272	138.20
5	1.0318	5.159	85	1.7786	151.20
10	1.0661	10.66	90	1.8144	163.30
15	1.1020	16.53	91	1.8195	165.60
20	1.1398	22.80	92	1.8240	167.80
25	1.1783	29.46	93	1.8279	170.00
30	1.2191	36.57	94	1.8312	172.10
35	1.2579	44.10	95	1.8337	174.20
40	1.3028	52.11	96	1.8355	176.20
45	1.3476	60.64	97	1.8364	178.10
50	1.3952	69.76	98	1.8361	179.90
55	1.4453	79.49	99	1.8342	181.60
60	1.4987	89.90	100	1.8305	183.10

硝　　酸

HNO_3的质量分数/%	密度 ρ/(g·cm^{-3})	每100mL含HNO_3/g	HNO_3的质量分数/%	密度 ρ/(g·cm^{-3})	每100mL含HNO_3/g
1	1.0037	1.004	65	1.3913	90.43
2	1.0091	2.018	70	1.4134	98.94
3	1.0146	3.044	75	1.4337	107.50
4	1.0202	4.080	80	1.4521	116.20
5	1.0257	5.128	85	1.4686	124.80
10	1.0543	10.54	90	1.4826	133.40
15	1.0842	16.26	91	1.4850	135.10
20	1.1150	22.30	92	1.4873	136.80
25	1.1469	28.67	93	1.4892	138.50
30	1.1800	35.40	94	1.4912	140.20
35	1.2140	42.49	95	1.4932	141.90
40	1.2466	49.87	96	1.4952	143.50
45	1.2783	57.52	97	1.4974	145.20
50	1.3100	65.50	98	1.5008	147.10
55	1.3393	73.66	99	1.5056	149.10
60	1.3667	82.00	100	1.5129	151.30

氢氧化钠溶液

NaOH的质量分数/%	密度 ρ/(g·cm^{-3})	每100mL含NaOH/g	NaOH的质量分数/%	密度 ρ/(g·cm^{-3})	每100mL含NaOH/g
1	1.0095	1.010	26	1.2848	33.40
2	1.0207	2.041	28	1.3064	36.58
4	1.0428	4.171	30	1.3277	39.83
6	1.0648	6.389	32	1.3488	43.16
8	1.0869	8.695	34	1.3696	46.57
10	1.1089	11.09	36	1.3901	50.05
12	1.1309	13.57	38	1.4102	53.59
14	1.1530	16.14	40	1.4300	57.20
16	1.1751	18.80	42	1.4494	60.87
18	1.1971	21.55	44	1.4685	64.61
20	1.2192	24.38	46	1.4873	68.42
22	1.2412	27.31	48	1.5065	72.31
24	1.2631	30.31	50	1.5253	76.27

氢氧化钾溶液

KOH的质量分数/%	密度 $\rho/(g \cdot cm^{-3})$	每100mL含KOH/g	KOH的质量分数/%	密度 $\rho/(g \cdot cm^{-3})$	每100mL含KOH/g
1	1.0068	1.01	26	1.2408	32.26
2	1.0155	2.03	28	1.2609	35.31
4	1.0330	4.13	30	1.2813	38.44
6	1.0509	6.31	32	1.3020	41.66
8	1.0690	8.55	34	1.3230	44.98
10	1.0873	10.87	36	1.3444	48.40
12	1.1059	13.27	38	1.3661	51.91
14	1.1246	15.75	40	1.3881	55.52
16	1.1435	18.30	42	1.4104	59.24
18	1.1626	20.93	44	1.4331	63.06
20	1.1818	23.64	46	1.4560	66.98
22	1.2014	26.43	48	1.4791	71.00
24	1.2210	29.30	50	1.5024	75.12

碳酸钠溶液

Na_2CO_3的质量分数/%	密度 $\rho/(g \cdot cm^{-3})$	每100mL含Na_2CO_3/g	Na_2CO_3的质量分数/%	密度 $\rho/(g \cdot cm^{-3})$	每100mL含Na_2CO_3/g
1	1.0086	1.009	12	1.1244	13.49
2	1.0190	2.038	14	1.1463	16.05
4	1.0398	4.159	16	1.1682	18.50
6	1.0606	6.364	18	1.1905	21.33
8	1.0816	8.653	20	1.2132	24.26
10	1.1029	11.03			

氨水溶液

NH_3的质量分数/%	密度 $\rho/(g \cdot cm^{-3})$	每100mL含NH_3/g	NH_3的质量分数/%	密度 $\rho/(g \cdot cm^{-3})$	每100mL含NH_3/g
1	0.9938	1.00	16	0.9361	14.98
2	0.9895	1.98	18	0.9294	16.73
4	0.9811	3.92	20	0.9228	18.46
6	0.9730	5.84	22	0.9164	20.16
8	0.9651	7.72	24	0.9102	21.84
10	0.9575	9.58	26	0.9040	23.50
12	0.9502	11.40	28	0.8980	25.14
14	0.9431	13.20	30	0.8920	26.76

附录 4　不同温度时水的饱和蒸气压

t/℃	p/Pa	t/℃	p/Pa	t/℃	p/Pa
0	610.48	19	2196.75	50	12333.60
1	656.74	20	2337.80	55	15737.30
2	705.81	21	2486.46	60	19915.60
3	757.94	22	2643.38	65	25003.20
4	813.40	23	2808.83	70	31157.40
5	872.33	24	2983.35	75	38543.40
6	934.99	25	3167.20	80	47342.60
7	1001.65	26	3360.91	85	57808.40
8	1072.58	27	3564.90	90	70095.40
9	1147.77	28	3779.55	91	72800.50
10	1227.76	29	4005.39	92	75592.20
11	1312.42	30	4242.84	93	78473.30
12	1402.28	31	4492.28	94	81446.40
13	1497.34	32	4754.66	95	84512.80
14	1598.13	33	5030.11	96	87675.20
15	1704.92	34	5319.28	97	90934.90
16	1817.71	35	5622.86	98	94294.70
17	1937.17	40	7375.91	99	97757.00
18	2063.42	45	9583.19	100	101324.72

附录 5　常用试剂的配制

1. 氯化亚铜氨溶液

称取 0.5g 氯化亚铜，溶解于 10mL 浓氨水中，再用水稀释至 25mL。过滤，除去不溶性杂质。

氯化亚铜氨溶液应为无色透明液体。但由于亚铜盐在空气中很容易被氧化成二价铜盐，使溶液变成蓝色，将会掩蔽乙炔亚铜的红色沉淀。此时可将上述滤液稍稍加热，边搅拌边缓慢加入羟胺盐酸盐，至蓝色消失为止。

羟胺盐酸盐是强还原剂，可使生成的 Cu^{2+} 还原成 Cu^{+}：

$$4Cu^{2+} + 2NH_2OH \longrightarrow 4Cu^{+} + N_2O + 4H^{+} + H_2O$$

2. 饱和溴水

称取 15g 溴化钾，溶解于 100mL 蒸馏水中，再加入 10g 溴，摇匀即可。

3. 碘-碘化钾溶液

称取 20g 碘化钾，溶解于 100mL 蒸馏水中，再加入 10g 研细的碘粉。搅拌使其完全溶解，得深红色溶液，保存在棕色试剂瓶中，于避光处放置。

4. 卢卡斯试剂

称取 34g 无水氯化锌，在蒸发皿中加热熔融，并不断搅拌。稍冷后，放入干燥器中冷至室温。

将盛有 23mL 浓盐酸（相对密度 1.19）的烧杯置于冰-水浴中冷却（以防氯化氢逸出），边搅拌边加入上述干燥的无水氯化锌。

此试剂极易吸水失效，所以一般是临用前配制。

5. 饱和亚硫酸氢钠溶液

称取 67g 亚硫酸氢钠，溶解于 100mL 蒸馏水中，再加入 25mL 不含醛的无水乙醇，混匀后若有晶体析出，需过滤除去。

饱和亚硫酸氢钠溶液不稳定，容易分解和氧化，因此不能久存，宜在实验前临时配制。

6. 1%酚酞溶液

称取 1g 酚酞，溶解于 90mL 95%乙醇中，再加水稀释至 100mL。

7. 铬酸试剂

称取 25g 铬酸酐（CrO_3），加入 25mL 浓硫酸，搅拌均匀成糊状物。在不断搅拌下，将此糊状物小心倒入 75mL 蒸馏水中，混匀，即得到澄清的橘红色溶液。

8. 苯酚溶液

称取 5g 苯酚，溶解于 50mL 5%氢氧化钠溶液中。

9. β-萘酚溶液

称取 5g β-萘酚，溶解于 50mL 5%氢氧化钠溶液中。

10. α-萘酚乙醇溶液

称取 2g α-萘酚，溶解于 20mL 95%乙醇中，用 95%乙醇稀释至 100mL，贮存在棕色瓶中。一般在使用前配制。

11. 2,4-二硝基苯肼试剂

（1）称取 1.2g 2,4-二硝基苯肼，溶解于 50mL 30%高氯酸溶液中。搅拌均匀，贮存在棕色瓶中。

（2）将 2,4-二硝基苯肼溶解于 $2mol \cdot L^{-1}$ 盐酸溶液中，配成饱和溶液。

12. 希夫试剂（又称品红试剂）

称取 0.2g 品红盐酸盐，溶解于 100mL 热水中，放置冷却后，加入 2g 亚硫酸氢钠和 2mL 浓盐酸，再用蒸馏水稀释至 200mL。

13. 斐林试剂

斐林试剂由斐林溶液 A 和斐林溶液 B 组成。使用时将两者等体积混合，配制方法如下。

斐林溶液 A：称取 7g 硫酸铜晶体（$CuSO_4 \cdot 5H_2O$），溶解于 100mL 蒸馏水中，得淡蓝色溶液。

斐林溶液 B：称取 34.6g 酒石酸钾钠和 14g 氢氧化钠，溶解于 100mL 水中。

14. 本尼迪克试剂

本尼迪克试剂是斐林试剂的改进，性质稳定，可长期保存，使用方便。配制方法如下。

称取 4.3g 硫酸铜晶体（$CuSO_4 \cdot 5H_2O$），溶解于 50mL 蒸馏水中，制成溶液 A。

称取 43g 柠檬酸钠及 25g 无水碳酸钠，溶解于 200mL 蒸馏水中，制成溶液 B。

在不断搅拌下，将 A 溶液缓慢加入到 B 溶液中，混匀后贮存在试剂瓶中。

本尼迪克试剂除用于鉴定醛酮外，还可用于检验糖尿病人的尿糖含量。在病人的尿样中滴加本尼迪克试剂，如出现红色沉淀记为“＋＋＋＋”、黄色沉淀记为“＋＋＋”、绿色沉淀记为“＋＋”，蓝色溶液不变，则检验结果为阴性。

15. 苯肼试剂

（1）在 100mL 的烧杯中，加入 5mL 苯肼和 50mL 10％乙酸溶液，再加入 0.5g 活性炭，搅拌后过滤，将滤液保存在棕色试剂瓶中。

（2）称取 5g 苯肼盐酸盐，溶解于 160mL 蒸馏水中，再加入 0.5g 活性炭，搅拌脱色后过滤。在滤液中加入 9g 乙酸钠晶体，搅拌使其溶解，贮存在棕色试剂瓶中。

苯肼盐酸盐与乙酸钠经复分解反应生成苯肼乙酸盐，后者是弱酸弱碱盐，在水溶液中发生分解，生成苯肼：

$$C_6H_5NHNH_2 \cdot HCl + CH_3COONa \longrightarrow C_6H_5NHNH_2 \cdot CH_3COOH + NaCl$$

$$C_6H_5NHNH_2 \cdot CH_3COOH \xrightleftharpoons{H_2O} C_6H_5NHNH_2 + CH_3COOH$$

游离的苯肼难溶于水，所以不能直接使用。

16. 羟胺试剂

称取 1g 盐酸羟胺，溶解于 200mL 95％乙醇中，加入 1mL 甲基橙指示剂，再逐滴加入 5％氢氧化钠乙醇溶液，至混合液颜色刚刚变为橙黄色（pH 为3.7～3.9）为止。贮存在棕色试剂瓶中。

17. 蛋白质溶液

取 25mL 蛋清，加入 100mL 蒸馏水，搅拌均匀后，用 2～3 层纱布过滤，滤除球蛋白即得清亮的蛋白质溶液。

18. 蛋白质-氯化钠溶液

取 20mL 新鲜蛋清，加入 30mL 蒸馏水和 50mL 饱和食盐水，搅拌溶解后，用 2～3 层纱布过滤。此溶液中含有球蛋白和清蛋白。

19. 茚三酮试剂

称取 0.1g 茚三酮，溶解于 50mL 蒸馏水中。此溶液不稳定，配制后应在两日内使用，久置易变质失灵。

20. 1%淀粉溶液

称取 1g 可溶性淀粉，溶解于 5mL 冷蒸馏水中，搅成稀浆状，然后在搅拌下将其倒入 94mL 沸水中，即得到近于透明的胶状溶液，放冷后贮存在试剂瓶中。

附录 6　常用有机溶剂的纯化

在有机化学实验中，经常使用各类溶剂作为反应介质或用来分离提纯粗产物。由于反应的特点和物质的性质不同，对溶剂规格的要求也不相同。有些反应（如格氏试剂的制备反应）对溶剂的要求较高，即使微量杂质或水分的存在，也会影响实验的正常进行。这种情况下，就需对溶剂进行纯化处理，以满足实验的正常要求。这里介绍几种实验室中常用的有机溶剂的纯化方法。

1. 无水乙醚

市售乙醚中常含有微量水、乙醇和其他杂质，不能满足无水实验的要求。可用下述方法进行处理，制得无水乙醚。

在 250mL 干燥的圆底烧瓶中，加入 100mL 乙醚和几粒沸石，装上回流冷凝管。将盛有 100mL 浓硫酸的滴液漏斗通过带有侧口的橡胶塞安装在冷凝管上端。

接通冷凝水后，将浓硫酸缓慢滴入乙醚中，由于吸水作用产生热，乙醚会自行沸腾。

当乙醚停止沸腾后，拆除回流冷凝管，补加沸石后，改成蒸馏装置，用干燥的锥形瓶作接收器。在接液管的支管上安装一支盛有无水氯化钙的干燥管，干燥管的另一端连接橡胶管，将逸出的乙醚蒸气导入水槽中。

用事先准备好的热水浴加热蒸馏，收集 34.5℃馏分 70～80mL，停止蒸馏。烧瓶内所剩残液倒入指定的回收瓶中（切不可向残液中加水！）。

向盛有乙醚的锥形瓶中加入 1g 钠丝，然后用带有氯化钙干燥管的塞子塞上，以防止潮气侵入并可使产生的气体逸出。放置 24h，使乙醚中残存的痕量水和乙醇转化为氢氧化钠和乙醇钠。如发现金属钠表面已全部发生作用，则需补加少量钠丝，放置至无气泡产生，金属钠表面完好，即可满足使用要求。

2. 绝对乙醇

市售的无水乙醇一般只能达到99.5%的纯度，而许多反应中需要使用纯度更高的绝对乙醇，可按下法制取。

在250mL干燥的圆底烧瓶中，加入0.6g干燥纯净的镁丝和10mL 99.5%的乙醇，安装回流冷凝管，冷凝管上口附加一支无水氯化钙干燥管。

在沸水浴上加热至微沸，移去热源，立刻加入几粒碘（注意此时不要振荡），可见随即在碘粒附近发生反应，若反应较慢，可稍加热，若不见反应发生，可补加几粒碘。

当金属镁全部作用完毕后，再加入100mL 99.5%乙醇和几粒沸石，水浴加热回流1h。

改成蒸馏装置，补加沸石后，水浴加热蒸馏，收集78.5℃馏分，贮存在试剂瓶中，用橡胶塞或磨口塞封口。

此法制得的绝对乙醇，纯度可达99.99%。

3. 丙酮

市售丙酮中往往含有甲醇、乙醛和水等杂质，可用下述方法提纯。

在250mL圆底烧瓶中，加入100mL丙酮和0.5g高锰酸钾，安装回流冷凝管，水浴加热回流。若混合液紫色很快消失，则需补加少量高锰酸钾，继续回流，直到紫色不再消失为止。

改成蒸馏装置，加入几粒沸石，水浴加热蒸出丙酮，用无水碳酸钾干燥1h。

将干燥好的丙酮倾入250mL圆底烧瓶中，加入沸石，安装蒸馏装置（全部仪器均须干燥!）。水浴加热蒸馏，收集55.0～56.5℃馏分。

4. 乙酸乙酯

市售的乙酸乙酯常含有微量水、乙醇和乙酸。可先用等体积的5%碳酸钠溶液洗涤，再用饱和氯化钙溶液洗涤，酯层倒入干燥的锥形瓶中，加入适量无水碳酸钾干燥1h后，蒸馏，收集77.0～77.5℃馏分。

5. 石油醚

石油醚是低级烷烃的混合物。根据沸程范围不同可分为30～60℃、60～90℃和90～120℃等不同规格。

石油醚中常含有少量沸点与烷烃相近的不饱和烃，难以用蒸馏法进行分离，此时可用浓硫酸和高锰酸钾将其除去。方法如下。

在150mL分液漏斗中，加入100mL石油醚，用10mL浓硫酸分两次洗涤，再用10%硫酸与高锰酸钾配制的饱和溶液洗涤，直至水层中紫色不再消失为止。用蒸馏水洗涤两次后，将石油醚倒入干燥的锥形瓶中，加入无水氯化钙干燥1h。蒸馏，收集需要规格的馏分。

6. 氯仿

普通氯仿中含有1%乙醇（这是为防止氯仿分解为有毒的光气，作为稳定剂加进去的)。除去乙醇的方法是用水洗涤氯仿 5～6 次后，将分出的氯仿用无水氯化钙干燥 24h，再进行蒸馏，收集 60.5～61.5℃馏分。纯品应装在棕色瓶内，置于暗处避光保存。

7. 苯

普通苯中可能含有少量噻吩，除去的方法是用少量（约为苯体积的 15%）浓硫酸洗涤数次，再分别用水、10%碳酸钠溶液和水洗涤。分离出苯，置于锥形瓶中，用无水氯化钙干燥 24h 后，水浴加热蒸馏，收集 79.5～80.5℃馏分。

参 考 文 献

[1] 高鸿宾主编. 实用有机化学辞典. 北京：高等教育出版社，1997.

[2] 王箴主编. 化工辞典. 第4版. 北京：化学工业出版社，2003.

[3] 高鸿宾，王庆文合编. 有机化学. 第2版. 北京：化学工业出版社，2006.

[4] 周志高编. 有机化学实验. 北京：化学工业出版社，1998.

[5] 周志高，蒋鹏举主编. 有机化学实验. 北京：化学工业出版社，2005.

[6] 初玉霞编. 有机化学实验. 第3版. 北京：化学工业出版社，2013.

[7] 章思规主编. 精细有机化学品技术手册. 北京：科学出版社，1992.

[8] 罗明泉，俞平编. 常见有毒和危险品手册. 北京：中国轻工业出版社，1992.

[9] 中华人民共和国国家标准 GB 12268—2005、GB 617—2006、GB 616—2006、GB 614—2006.

[10] 张铁垣，杨彤主编. 化验工作实用手册. 第2版. 北京：化学工业出版社，2008.

[11] Horowitz G. A discovery approach to three organic laboratory technigues：extraction，recrystallization，distillation. Journal of Chemical Education，2003，80(9)：1039～1041.

[12] 王清廉编. 有机化学实验. 第3版. 北京：高等教育出版社，2010.

[13] 黄一石编. 仪器分析. 第3版. 北京：化学工业出版社，2013.

索　　引

（按笔画排序）